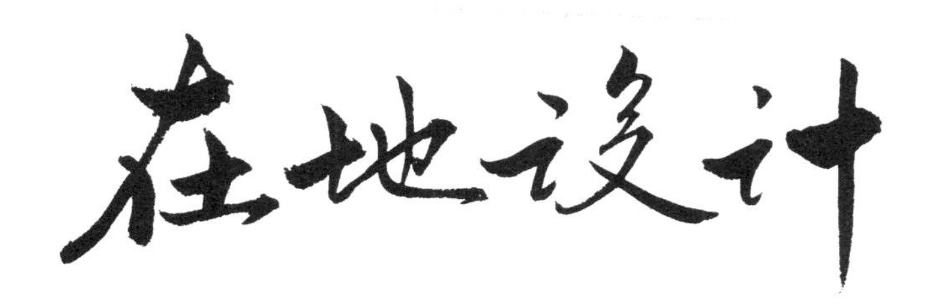

——休闲度假酒店的多维视野

Multidimensional View of Resort Hotel Design

王兴田 著

Wang Xingtian ed.

中国建筑工业出版社

图书在版编目（CIP）数据

在地设计——休闲度假酒店的多维视野 / 王兴田著. —北京：中国建筑工业出版社，2017.12
ISBN 978-7-112-21611-6

Ⅰ.①在… Ⅱ.①王… Ⅲ.①饭店—建筑设计 Ⅳ.①TU247.4

中国版本图书馆CIP数据核字（2017）第294147号

作者展示了“在地”设计理念形成和演进的过程并结合多年对休闲度假酒店的实践与思考，不断深化、完善了对于“在地”设计的理解，即“在地”设计始终聚焦建筑与地域的关联，强调建筑以低调、谦逊的姿态融入环境。本书对“在地”设计进行了多维视角的阐释，在“在地”设计体验札记一章中，作者亲历了许多个性鲜明、颇具地域特色的酒店，积累了一些有内涵的速写笔记和草图，另外作者回顾了深圳隐秀山居酒店创作与建造过程中的辛苦与执着，这些都构成了“在地”设计理念运用的重要内容。

责任编辑：陈　桦　王　惠
责任校对：李欣慰

在地设计——休闲度假酒店的多维视野
王兴田　著
*
中国建筑工业出版社出版、发行（北京海淀三里河路9号）
各地新华书店、建筑书店经销
北京嘉泰利德公司制版
北京雅昌艺术印刷有限公司印刷
*
开本：880×1230毫米　1/16　印张：16¼　插页：3　字数：439千字
2018年10月第一版　2018年10月第一次印刷
定价：149.00元
ISBN 978-7-112-21611-6
（31251）

序

如果说人生是一场旅行，我已走了一半的路程。偶尔驻足回望，曾经的得失已不复重要，唯有一些体验与感悟沉淀下来，成为了我人生的珍贵财富。

自从事建筑设计之初，我便开始思考，创作中应遵循怎样的本性、原则，才能做出令人舒心、继而为人所感动的建筑？

我自幼在黄土高原干旱缺水的城市中长大，对大山有着特殊的情感，对大海更是充满了向往，遂在天津、东京、上海三个滨海城市求学、工作、生活，在不同城市的时空跨度中，深切感受着迥异的地域环境和城市生活。

1995 年在上海，我开始了独立建筑师的生涯。当时中国的城市化运动正如火如荼，目睹在造城运动中，我们曾经留恋的历史记忆被淡化、城市文脉被割裂、建筑的地域人文特征被所谓的现代化模式取而代之，人们在城市生活中的情感归属变得迷茫……对此，在这二十多年中，我和我的团队期望通过自己的尝试，使建筑师在思考建筑与地域环境关系的理念上有所改变，进而努力使我们生活的场所更具有地域真实惬意的生活特色。长期的设计实践中，对地域环境因素的考量也在潜移默化中成为我创作伊始首要纳入的问题，以及方案推敲的重要准绳。

随着国内生活水平的提高以及开发营建进程的推进，休闲度假酒店产品开始登上建设舞台并逐渐增多。在我三十多年的设计生涯中，已有十多个休闲度假酒店的实践与研究的积累，它们不经意间成了我所涉及项目中的一个特色类型。休闲度假酒店在兼具创意性、实用性、商业性的同时，需满足人们寄情山水、融入自然的精神追求，故而崇尚自然，追求建筑与所处地域的亲和性，成为了休闲度假酒店设计的诉求。

就建筑师自身而言，凭借先验的精英化、程式化的思考，很容易使本属于地域环境中系统整体的建筑要素受到束缚。建筑在与所处地域的自然、社会、人文、材料和建构技术等诸因素的相互作用中，构成其内在的逻辑、秩序，保持着与自然、人文、社会的有机共存，成为地域自生根的生活智慧的结晶，存在于“此时、此地、此人、此境”的地域生活中。

新加坡圣淘沙酒店

多年前我涉猎到“在地”一词，我觉得它非常贴切地表达了建筑与其所处的地域之间的关系。“在地”来自英文 In-site 的翻译，原意为现场制造。“在”，指代空间，也表示对时间、地点、情形、范围等因素的限定，当作为与地点相关联的介词时，既表示一种存在的状态，也是将这种状态表达并彰显出来的过程与行为。“地”，表示大地、地区等。“在地”概念中的“地”涵盖了地域、地方、地点“三地合一”的概念。“在地”作为一个外来词汇，被当下建筑界学者诠释为“建筑与大地难以切割的关联，进而联系到特定的自然和文化语境下的地方环境或地域风土”。所以，建筑设计中的“在地”概念，强调的是建筑物本身与所处的大地以及形成于其上的文化、风土等地域特性的依附关系。放在中国传统文化语境里来解释，是对千百年来中国人天人合一、因势造物、自然天成思想的延续与传承。

而所谓“在地”设计就是要使建筑师摆脱自身的主观臆测带来的约束，从客观的、原发的作用因子中着手，寻找诸多特定的地域因子的内在逻辑关系，将建筑设计从单纯的空间场所的视觉感中解脱出来，并使它在当代语境中通过方法论科学地呈现，逐渐在问题的解决中进入实质性状态。如此，回归建筑设计的本体意义，才是建筑设计的关键魅力所在。

于我而言，早年无锡太湖饭店的设计经历，使得“在地”设计的理念已在心底生根发芽；之后多个休闲度假酒店的项目实践提高与升华了我对这一理念的认识；直至深圳正中高尔夫俱乐部与隐秀山居酒店以及江西恒茂御泉谷国际度假山庄项目的设计，让“在地”设计理念成为了主宰我建筑思想的核心，也是我在长久的建筑创作路途中所要坚持的……近两年，随着设计实践的丰富，“在地”设计的理念也在不断地完善。此次结合深圳隐秀山居酒店设计，将多年的心得做了一番梳理、细化和提升。

全书以休闲度假酒店为切入点，在“‘在地’设计之休闲度假酒店”一章中，我对“在地”设计进行了多维视角的阐释，并结合现状融入了我对地域环境的态度，展示了“在地”设计理念形成和演进的过程。当然一个理念不能只是空泛的谈论，它需要经由切身的体验与实践使之不断完善。所幸这些年亲历了许多个性鲜明、颇具地域特色的酒店，积累了一些速写笔记、草图，此次整理出来一并编入书中，构成了“‘在地’设计体验札记”一章的内容；第三章对深圳隐秀山居酒店项目创作中的“在地”设计理念的运用进行了总结，回顾了建造过程中的辛苦与执着，编入书中形成了“‘在地’设计实践”一章。

其实我并不擅长文字斟酌，更钟爱用画笔记录生活中的点滴美好。拙作《在地设计——休闲度假酒店的多维视野》，既是我多年对“在地”设计理念追求和研究的一份总结，也是对休闲度假酒店项目设计的一次回顾。希望在未来的创作之路上仍能不忘初心地走下去，也希望我的这番思量能与读者朋友们产生共鸣。

书中所有手绘图均为作者自绘。——编辑注

意大利威尼斯

目录

“在地”设计实践——深圳隐秀山居酒店 049

附录 233

后记 250

作者介绍 251

“在地”设计之休闲度假酒店

1."在地"设计的源与缘

源："在地"设计源远流长

"在地"设计的理念在建筑的发展与传承中自古有之，久远且含蓄。早在旧石器时代，原始人群利用天然崖洞作为居住场所。在新石器时代河姆渡文化、半坡文化遗址中，就发现了适应当地环境、气候和生产方式的"在地建筑"。河姆渡遗址是长江流域孕育的史前文明。1973年发现的大约建于6000~7000多年前、长约23米、进深约8米的木构架建筑遗址，是一座长方形、体量相当大、并采用榫卯技术的干栏式建筑。位于陕西西安的半坡村落，是黄河流域农耕文化的代表。黄河流域有广阔而丰厚的黄土层，土质均匀，含有石灰质。黄河中游的氏族部落，在利用黄土层作为壁体的土穴上，用木架和草泥建造简单的穴居，逐步发展到浅穴居，再到地面上的房屋，形成聚落，具有典型的黄土高原"在地"特征。古人根据自然条件和材料，结合生活习俗、生产需要、审美爱好等，因材致用地进行营造，他们既是设计者，又是营建者、使用者，可以说设计、施工、使用三位一体，这种建造方式形成的建筑既实用简朴，又富有地域特色。古代建筑的这种贴近自然，正如梁思成先生所说，"建筑之始，产生于实际需要，受制于自然物理，非着意创制形式"。随着

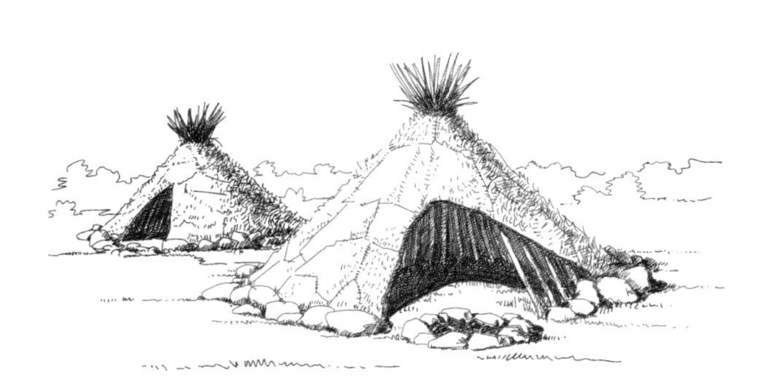
半坡村落的建筑

余姚市河姆渡村落建筑

湘西土家族吊脚樓：土族先民与自然环境之间有机共生的结晶，是真实生活智慧的写照。

湘西土家族吊脚楼

人类技术能力的不断进步，以及思想与文化体系的形成并逐步提升，实践和理论互为依据和引导，推动着历史的车轮滚滚前行，这其中建筑亦然。

贵州凯里千户苗寨：因地制宜因材致用，依山就势生长出的村户极大限度地保持生态体系的完整性。

江南水乡

贵州凯里千户苗寨

逐渐地，中国传统文化中形成了“道法自然”、“天人合一”的思想，体现到建筑设计中，与“在地”设计理念恰有着不谋而合之处。中国传统建筑文化讲究“依山就形、顺势而为”，“在地”设计的特性亦是源于自然环境和地域生活，依据地形地势、气候条件和生产生活方式，追求建筑的空间组织、建构、材料等因地制宜，因材致用，有机灵活地适应自然与气候，与环境相得益彰，成为地域生活的载体。

比如岭南地区的气候炎热、多雨、潮湿，建筑与城镇空间力求遮阳、避雨、通风、防潮，形成了紧凑的空间环境。坡屋顶出檐深远，建筑尽量向外敞开，骑楼、天井、冷巷、架空，呈现出轻巧、疏透的空间特征。而在干旱少雨、昼夜温差大的西北地区，建筑则用厚实封闭、就地取材制作的土坯，抹上反射性能较好的浅色调保护层来减少辐射热，且窗孔较小，减少阳光直射面积。到了江南苏州、无锡等地，则扬水之长，以“水”为主体串联起城镇空间环境。河道纵横交错，街巷依河展开，临水而建的风雨廊道、披檐、台级、石桥与天井等组成了连续变化的空间序列。流动之水不仅给城镇居民带来生活的便利，也给空间环境增添了潋滟之美。

江南小镇：绍兴古城水乡，依水而居 枕水之长
小桥、流水、人家。

江南小镇绍兴古城水乡

同样崇尚与自然和谐共生的日本传统建筑，更是"无意间"将"在地"设计理念发挥得淋漓尽致。日本传统建筑多就地取材，采用天然的木、土、石等材料，并十分注重材料的质感、肌理、色彩等自然属性。如木构的部件往往不加任何修饰，保留其本色，墙壁也都是天然的泥土抹灰，地面、墙壁、天花常用木材、竹材等天然材料，给人以亲近自然的亲切感。日本传统建筑采用具有空间流动性的推拉门作隔断，当门打开时，室外的自然被引入室内，室内空间得以进一步延伸，同时还利用枯山水等象征性的园林缩影来营造使人深思冥想的空间氛围。

日本传统建筑
——岐阜白川乡名居合掌式建筑合掌造，19 世纪的合掌茅屋建筑，一处世外桃源

各地的传统建筑其实都具有这样的异曲同工之妙。

福建土楼建筑群

缘 ：“在地”设计的理性回归

20 世纪以来，随着科技的进步，新材料、新工艺纷纷涌现，现代主义建筑成为世界建筑的主流。近百年的时间内，城市人口密度飙升，出现了前所未有的“爆炸式”的城市化进程。在这样的背景下，建筑师试图仅用技术驾驭城市与建筑，因而忽略了人们内心的需求，出现了大量如昌迪加尔、巴西利亚等缺乏人情味的超尺度城市。地域文化被抛在了“现代”和“创新”的对立面，被模糊和忽视，于是城市和建筑逐渐失去了个性。

“宠辱不惊，看庭前花开花落；去留无意，望天上云卷云舒”——《幽窗小記》

建筑看得见的是它的物质形态，看不见的是存于它的故事。温泉是强罗花坛的招牌，怀石料理就是它的独家秘笈。

强罗花坛温泉旅馆

20 世纪 80 年代以后中国进入改革开放、经济高速发展的时期，正当此时国际前沿建筑理论和实践创新的案例不断涌来，在全球化浪潮席卷下，我们自身的地域特点被渐渐遗忘甚至不屑，几近消失。慢慢地我们的城市与建筑被时代同质化了，无论大城市还是中小城市、沿海还是内地、新城还是历史文化名城，都长出了一副似曾相识的面孔。这时人们开始有所觉醒，意识到“只有民族的才是世界的”。也就在此时，“在地”设计理念悄悄进入了建筑界学者的视野中，并逐渐引起建筑师的纷纷关注，由此引发了关于建筑回归“在地”设计的探讨。

人类的生活需要情感去维系，“在地”设计是对现代主义无差别泛滥的抵抗与反思，是针对建筑与地域认识的再思考，是一种文化的理性回归。当今已有一批具有国际视野的建筑师，正在将中国建筑设计的现代化探索与本土化坚守相结合并推向一个新的高度，他们从建筑的“在地”特点中寻求创作的文化根基，使尊重本土文化、发扬地域特色成为一种设计的本能。

2.“在地”设计的五个维度

幅员辽阔的土地，孕育出不同的自然风光、文化背景和生活方式等，建筑的“在地”设计是由这些因素交相影响的集合，是多元的、潜在的、发展的，也是富于生活气息的，唯有长期身体力行的体验总结，方能获得真谛。

“在地”设计主要可归纳为五个维度，即自然维度、建构维度、人文维度、生态维度和时间维度。

让我们以休闲度假酒店的角度来审视一下这五个维度。

2.1 自然维度

无论是中国远古时期的穴居和巢居，还是今日蒙古高原的蒙古包、黄土高原“挖土为穴”的窑洞式民居，抑或是翠竹围绕的傣族竹楼、白墙黛瓦的江南宅院……众多具有强烈地域特征的建筑都印证着千百年来人们在不断适应自然的过程中，对风、光、水、地等自然元素的独特理解和运用。

江西婺源古村落（newscdn.tuxi.com.cn）

风向、风力与风速对建筑的形式、朝向、构造、立面都有重要的影响，风能作为一种清洁的可再生能源，在建筑中被广泛运用；光与建筑有着密不可分的关联，炎热的南方要遮阳避日，北方寒地则需要吸纳阳光，建筑所处地理位置的不同导致对光的需求不同，从而使建筑的形式千差万别；水为建筑提供了许多别样的景致，酷暑时节，池水还可调节温差，促成风的微循环；强调建筑与大地的依附关系，依山顺水、因地制宜、就地取材等等，建筑的形态布局、空间组织、材料构造等都需回应地势、地形、地貌以及环境，促成建筑环境与自然环境的浑然天成。

土耳其卡帕多西亚阿戈斯洞穴酒店的建造灵感源自于有两千年历史的岩石凿成的修道院 Bezirhane 遗址。数百万年前，火山爆发致使卡帕多西亚的地貌异常奇特。这里山峦起伏、沟壑纵横，沟壑与谷涧之中，是一片又一片的“石柱森林”。火山岩土质柔软，容易开凿，古人便挖洞凿穴

窑洞民居：建筑巧妙广利用当地地形和黄土物理特性 传承着朴素古朴的生态观念。

窑洞式民居

傣族干栏式竹楼 适应亚热带湿热气候的空间建构

傣族干栏式竹楼

为屋。修道院 Bezirhane 也是从柔软的火山石中凿琢而出，后来改造为阿戈斯酒店。酒店散落设置在五座宅邸中的洞穴式客房，由地下隧道贯穿连通。穿行在曲折的地道中，一股神奇的力量让人迫不及待地想要揭开这座古老建筑的面纱。洞穴式客房融合了岩石与木材天然的色彩、触感及纹理，还用当地风化的石砖做成了石灰水槽和时尚玻璃淋浴房的背景，展现出原汁原味的传统文化。洞穴酒店鬼斧神工般的空间形态印证着建筑与大地的依存关联，也是人们对自然元素的独特理解和运用，使得度假酒店与自然环境构成了紧密的联系，也因此成为独具地方特色的体验场所。

广东省南昆山自然保护区内的南昆山十字水生态度假村，采用了当地典型的客家传统建筑形式和客家民居的院落布局。建筑以砖、土、竹、木等本地盛产的材料来表现建筑的地域性与生态性，屋面使用回收的旧瓦；为了保留原有的生态走廊，减少对地形地貌的破坏，度假村内大部分建筑的底层采用架空结构；临溪而建的水畔别墅采用了高屋顶、青黄瓦和夯土墙的建筑样式。本地材料的使用与因地制宜的建构方式使建筑与当地的自然环境融为一体，落地玻璃门窗、超大型露台掩映在竹林与山花之间，伴随着潺潺流水与啾啾鸟鸣，已然分辨不清是建筑在自然中，还是自然在建筑内。

2.2　建构维度

“建构”，指建筑材料通过技术逻辑建立起来的一种构造，强调建筑在设计到建成的营造实施中，保持既符合材料力学性能的构造逻辑，又能体现艺术美学法则特征的过程。

建构的本质是将空间、结构、形态、材料、构造、功能通过建造技术进行有机地统一，依据就地取材、经济实用、构造简单、技术适宜等基本原则，使得每一种材料、每一个构件、每一处细节都传递出当地地域所特有的信息。建筑基于地理空间环境的差异，形成了各自特有的取材方式。在“在地”设计理念中，对地方材料的认识应超越其物质层面，去探究在材料的质地、肌理、色彩甚至气味中深藏的，与地域生活水乳交融的、人们记忆和情感深处的元素。

弗兰姆普敦曾将建构推崇至诗学的高度，如泥土贝壳夯制的夯土墙、带有刀痕的木质构件，地方烧制的瓦片屋顶等等，都深刻地映射了“在地”建构中凝聚的、并随着时间推移愈来愈浓厚的诗性。

“历史总是跟随并且在不断地迈向未来，而与现在争斗的现实中被创造，历史不是怀旧的记忆”

——卡洛·斯卡帕

土耳其的卡帕多西亚阿戈斯洞穴酒店

南昆山自然保护区内的南昆山十字水生态度假村入口

2.3 人文维度

人文，即重视人的文化，指人类文化中先进的、科学的、优秀的、健康的部分，包括文化、艺术、民俗、宗教、社会、历史等范畴。“在地”设计中的人文维度是人文因素在建筑中的综合表达。建筑空间经历文化的滋润，被赋予了独特的气质和内涵，仿佛蒙上了一层神秘面纱，更具有“在地”的感染力。而艺术民俗、社会历史、宗教信仰等人文因素通过建筑的传情达意，增强了生命力，不断升华着人们对生活的积极态度以及对地域文化的深厚情感。

以种姓聚族而群居的福建土楼建筑群，宫堡式的建筑群布达拉宫，以防御为目的的羌族碉楼式民居……都让人感受到中国传统文化的博大精深和源远流长。当人文特色成为一种审美信仰时，便如同缕缕氤氲，弥漫于时空环境之中。

西藏布达拉宫

丽江古城为世界文化遗产，古城内的传统建筑产生于自给自足、相对封闭的系统之中，所反映的价值观念、行为准则、社会需求、生活方式等都是丽江本地文化中最本质的东西。丽江大研安缦酒店毗邻丽江古城，她在延续了丽江传统建筑风貌的同时，运用大量经典的纳西建筑符号，融合了传统与现代元素，展现出丽江古城独特的文化内涵。酒店套房采用的装饰材料与织品均来自云南地区，如高大挺拔的云南松，精巧细致的纳西刺绣，刻有花卉禽鸟的东巴木雕，而石质地板则与丽江古城的道路肌理相映成趣，丽江大研安缦酒店不愧为与丽江古城融为一体的避世胜地。

2.4　生态维度

传统建筑饱含着对自然的敬畏和谦恭，经过千百年地锤炼，形成了“在地”的适应性技术体系，并将其有机地植入环境之中，融合自然之“道”，这是传统建筑的智慧所在，也是当今倡导的绿色建筑的初始形式。生态维度下的“在地”设

羌族民居

丽江悦榕庄

丽江大研安缦酒店

斯里兰卡的坎达拉玛遗产酒店

计推崇气候适应性的、被动式建筑观，保护并延续“在地”建筑的生态环境，倡导生态优先理念，注重节地、节水、节能、节材和空间的集约利用。不追求“高、大、全”，而着重于延伸地域文化的内涵与特色，在建构过程中利用自然的力量，以被动低技的方式为本，辅以技术设备，实现生态的良性循环，并建立物质生产者、消费者和还原者之间平衡的生态可持续系统。

坎達拉玛遗产酒店：（斯里兰卡）
生态环保理念融入每一个细节之中。

斯里兰卡的坎达拉玛遗产酒店（www.sohu.com）

斯里兰卡的坎达拉玛遗产酒店依附山形而建，建筑仿佛被轻轻地放置在大地上，仅靠一根根矗立在岩石上的柱子支撑，若移走岩石上的人工建造物，丝毫不会影响地面原貌。酒店建设过程中对地形、植被、动物等进行了保护性的研究与开发，原址本是毒蛇出没之地，为了保证宾客安全，又不打破动物生态链的平衡，建设方斥巨资请专人将毒蛇驱迁至边处。酒店建筑空间组织充分利用自然山风循环空气，几乎可以不使用空调，同时充分利用自然光和太阳能，并在泳池中使用了可循环净化水等生态技术。酒店在建造与使用过程中处处体现了生态环保的意识，也因此成为斯里兰卡最具代表性的生态建筑。

2.5 时间维度

时间以单向流动的方式，在岁月的长河中延续了建筑的生命与灵性，而建筑也随着历史的发展和人类的进步，于时间坐标中不断更新、演进。建筑的“在地”特性可被理解为自然环境条件、生活需求和技术手段在一个具体场所中的整合缩影。由于条件、需求和技术都会因时而变，因此“在地”设计在不同的时代就会有不同的表达，需要在透析历史积淀及其机制的基础上直面现实问题。

強羅花壇温泉旅館（日本）
一组经历百年生长形成的建筑群，看得见的是它的物质形态；看不见的则是属于它的故事、时间和文化的记忆尽在照入庭院中。

强罗花坛温泉旅馆（Gora kadan）

时间维度下的“在地”设计一般有两条动态发展的途径：一是靠“内核”文化（古老的、本地的、发育完善而自生根的文化）的裂变或聚变推动自身主动有序地更新，另一种是受"外缘"文化（年轻的、外来的、非自生根的文化）的影响而被动变化。这两条途径往往同时存在，共同作用。在当今文化多元的时代，新技术、新观念、新材料层出不穷，建筑在与"外缘"文化的冲击碰撞下，既要肯定保留自身文化特有的存在价值,又要清醒认识本身在发展过程中的缺陷不足。在时间的见证下，"在地"设计以尊重历史的姿态，完成旧与新的更替，实现了过去与现在的过渡，保留延续精髓，糅合时代的精神和技术，为今所用。

故而"在地"设计并非意味着墨守成规，停留于对传统形式和历史风格的膜拜，而是要深刻理解和把握地域文化形成的背景，将传统智慧与现代科技相结合，为创新发展寻求支点。这也是建筑"在地"设计的过程与意义所在。

杭州法云安缦酒店是一个属于古建筑保护再生的度假村。这里原是明清时代遗留下来的村庄，其内 47 处房舍原样保留了古村昔日的样貌，将古村不动声色地演进成为现代休闲度假酒店。酒店捕捉住了建筑凝结在时间轴上的最美瞬间。建筑师选择了传统工艺——黄土做墙，石头堆砌墙基，木窗木门黑瓦，以如此朴实的民居样式还原了几百年前的村落形态。随着时代的变迁和社会的进步，为适应现代人休闲度假的需要，设计植入了当代生活内容，将原来村庄的建筑构造和现代简约主义古村改造相结合，局部的加建，防潮防湿处理，采光、地暖、家具、卫浴等设施的置入，用新技术支持传统风貌，将生活从过去带入现代，走向未来。在这里，"在地"设计的内容随着时间维度得以丰富和延续，建筑中的每一个细节都仿佛连接着过去与现在，传统并未因时间的流逝而变得黯淡，时至今日，人们依然可以在横贯度假村 600 米长的沿溪小径上，追寻到百年前传统浙江民居的身影。

杭州法云安缦酒店室内（www.aman.com）

杭州法云安缦酒店——演绎了 18 世纪的村落生活

仁安悦榕庄——藏式风情的完美呈现

贵州黎平侗寨

美国安缦吉瑞酒店——荒凉峡谷中的一颗璀璨明珠

奥地利的 Wiesergut 酒店——完美融于雪山中的酒店

3. 当休闲度假酒店遇到“在地”设计

城市文明发展伊始，度假即作为城市人的休闲方式开始萌芽。人类对于自然的依恋深藏于潜意识中，“仁者乐山，智者乐水”，亲近山水成了城市人在紧张的工作生活之余的一种渴望，于是休闲度假酒店便应运而生，成为饱受城市生活纷扰的人们的皈依之所。

“天地有大美而不言”，庄子认为美存在于“天地”即大自然中，人要了解美、寻求美，就要到“天地”之中去观察、去探寻。休闲度假酒店大多建在海滨、山野、峡谷、乡村、湖泊、温泉等优美的自然环境之中，更与自然形成紧密的关系，是人与自然连接的纽带，所以建筑要运用“在地”设计的理念去体现对自然环境最直接的关注。

巴厘岛宝格丽度假村

原生形态中的鸟语蝉鸣，潺潺溪流边的郁郁葱葱，繁华都市之外的绿意盛景…… 自然之美的存在弥补了城市生活的缺失，人们在欣赏她的同时，也会把自己的情感和愿景寄托其中。这种反城市化诉求使得休闲度假酒店的建筑设计更倾向于融入自然，关注人最本质的需要，挖掘地域文化内涵，创建一个人文精神与自然环境相融合的场所。

自古以来，中国的文人最精于在山水之间搭建安顿灵魂的场所。真正高雅的建筑，一定是在有限的方寸间，寻得精神上的无限渺远，从物质的一维向精神的多维空间延伸。参禅悟道，山水被赋予了人格化，融合了天、地、人之间无限的自由。于是身处其间，身心得以放松，心灵得到洗礼，由此滋养出博大的胸怀，去寻找人生更高的境界。

当休闲度假酒店遇到“在地”设计，满足了宾客徜徉山水之间，“来者往者溪山清静且停停”的闲适、自在之感，更带给他们心灵的栖息与归属。当人们沉醉于自然之美物我两忘时，对生活的热爱、对自然的敬畏、对文化的尊重，以及对初心的回归和对未来的向往都会变得愈发自觉。

谁不希望在不易的休闲时光中，成自然之趣，融人文情怀，觅得那稍纵即逝的思绪与感悟？

宏村古街道

Villa Vals（瑞士）

利用大地来营造居住空间的经典。Villa Vals别墅隐伏大地、依附大地，因地而生的形式为建筑的“生地”找到了情感归属。

瑞士 Villa Vals 别墅

千里走单骑 杨丽萍艺术酒店

建筑坐落在双廊镇玉几岛的最南端 空间环境

千里走单骑杨丽萍艺术酒店

“在地”设计体验札记

如何将“在地”设计的元素匠心独运而又恰到好处地植入建筑的细节之中？这些年在追寻答案的路上，我走过了一些城市，领略了其中的风土人情，体验过一些拥有浓郁地域特色的度假酒店，它们让我感叹，给我很多启示，也常在设计中引发我的创作思考。当然，在有限的时间里很难完全领悟一个建筑的精髓及其背后的故事，这些极为个人化的体验，也只是我对“在地”设计的一些探寻尝试。此次将这些余温尚存的回忆连同度假中的手记一并整理入稿，希望能借用最质朴的语言，描绘出亲历的画面，尽力诠释休闲度假酒店“在地”设计的内涵。

1. 日本金乃竹温泉酒店（Kinnotake）

回来数日，脑海里仍一直浮现金乃竹温泉酒店的画面，仿佛还在诗意中游走，在竹林间徘徊，在小道上穿行，在温泉里冥想。幕幕场景让人记忆犹新，种种感受让人难以忘怀。“在地”体验的乐趣尽在其中。

时间：2015 年 6 月

地址：817-342 Sengokuhara，Hakone-machi，Ashigarashimogun，Gora / Sengokuhara，Hakone，Japan 250-0631

暂时放下繁忙的都市生活，在日本邂逅了金乃竹，停下来，回归沉静，感受自然的能量，享受本真的时光。

在驶往金乃竹的途中，汽车盘旋于山林间，清爽的凉风、纯净的空气、漫山的绿色……旅途的疲惫已荡然无存。驶过小丘的洼地，穿过锁桥，蜿蜒曲折后进入酒店的领地。远处已看见身着和服的服务员，礼貌地鞠躬，微笑示意，热情相迎。

酒店典雅大方，装修简约，温馨宁静。看似浑然天成，却处处匠心独运。室外竹林环绕，室内空间就地取材，用了许多竹子作为设计元素。都市的喧嚣在这里退隐而去，只剩下亲切的乡野风情。酒店仅有十余间日式客房，与自然融为一体的小尺度空间和城市建筑反差较大，空间、材料、细节等处理皆贴心之至。精致的手工艺随处可见，彰显了日本民族的工匠精神，也可见酒店返璞归真的用意。酒店的温泉更是名副其实，无论在客房抑或是公共区域，温泉的水体温度、出水循环、舒适惬意的环境，都让享用温泉的人忘却尘世纷扰，留下了无限遐想。在与世隔绝的山地中，鸟语、花香、绿竹、溪涧交织出一幅如梦般令人痴醉沉迷的画卷。

日本金乃竹温泉酒店（Kinnotake）

金乃竹温泉酒店（kinnotake）

回来数日，脑海里仍一直浮现金乃竹酒店的画面，仿佛还在诗意中游走，在竹林间徘徊，在小径上穿行，在温泉中冥想。幕幕场景让人记忆犹新，种种感觉令人难以忘怀。"在地"体验的乐趣尽在其中。

日本金乃竹温泉酒店（Kinnotake）
（www.agoda.com）

2. 日本轻井泽虹夕诺雅酒店（Hoshinoya Karuizawa）

虹夕诺雅的静让人真实而朴素，我屏息凝神，才恍然，原来“洗净铅华也从容”。这里的美随意而自然，心里总想，怎样才能不辜负这片净土的善意？于是用画笔记录下了这些场景。

时间：2013 年

地址：Karuizawa，389-0194 Hoshino Nagano，Japan

2013 年造访了依山而建的虹夕诺雅。记得初次步入虹夕诺雅，即传来沁人心脾的乐声，让人内心莫名的安宁。虹夕诺雅 77 间独门独户的别墅客房，分为栖息于河边的“水波房”、一览村落的“山路房”以及拥有私人园林的“庭院房”，每一间客房都有独特的风格。客房均有木构架坡顶、落地窗以及石基上砌筑的泥灰墙等，卧室与起居室相互独立。在这里，环响的音乐取代了电视，雅致取代了奢华，特制的 CD 机飘出古风悠扬的旋律，筝声一响，微风卷起客厅的窗帘轻轻起舞。空山碧水间，清新的空气，戏水的鸳鸯，不似在酒店，倒像是自家的山间别墅，安静恬适。和风拂面，只想闭了眼，且听风吟，氤氲的温泉热气和宁神的果香融在一起，无酒无茶也已醉在这山水间了。虹夕诺雅的夜是点燃烛光来照明的，营造出烛光摇曳的意境，也便于旅客观赏繁星闪烁的夜空。傍晚时分，一间间客房点亮灯火，犹如蔓延在黑暗山谷中的星火，与满天繁星和波光粼粼的湖水交相辉映，散发出迷人的光芒。

虹夕诺雅依着平缓的山谷地势，青石板路曲折蜿蜒，平添了几分错落的韵律。建筑环绕的人工湖，有着小桥流水、庭园深深的意境。屋前的涓涓细流，屋后的茂密山野，都为建筑注入了灵动与别致，隐世之美浓得化不开。这里四季分明，春天的樱花，夏天的翠竹，秋天的红叶，冬天的白雪，四季的变幻之美在轻井泽的凝练雅趣中跃动。在这里寻找心灵的栖居之地，难道不是迈向了人生的更高境地吗？

来到虹夕诺雅，定要去尝试一下著名的“冥想温泉”。光束交织出的冥想境界，让享用温泉的过程具有仪式感。伴随着缓缓流淌的音乐，感受每一个毛孔的舒张，每一股流水与肌肤的触碰，让温泉慢慢浸走杂念，亦是一场涤荡心灵的 SPA。

日本轻井泽虹夕诺雅酒店

日本轻井泽虹夕诺雅酒店雪景（www.hoshinoresorts.com）

軽井澤虹夕諾雅溫泉旅館（Hoshinoya. karuizawa）

虹夕諾雅的静是真实而朴素，我屏息凝神，才恍然原来"洗净铅华也从容"。这里的美随意而朴拙，心里总想，怎样才能不辜负这片净土的善意？于是用笔记录下了这些场景。

日本轻井泽虹夕诺雅酒店（Hoshinoya Karuizawa）

3. 泰国查安海滩和平酒店（Thailand Alila Cha-Am Resort Hotel）

建筑师有意消除了连接，致使空间的范围不明确，利用相互贯穿的拓扑结构，故意制造出里外颠倒的错觉，这样的处理方式正是 Duangrit Bunnag 设计的高明之处。

时间：2008 年

地址：115 Moo 7 | Bangkao，Cha-Am 76120，Thailand

查安海滩和平酒店是泰国顶尖建筑师 Duangrit Bunnag 的代表作品之一，洗练、简约的设计手法将度假酒店的设计推向了极致。我与几位朋友有幸在建筑师本人的陪同下体验了该酒店，这让我们得以细细品味酒店设计的理念以及在设计细节中的许多生活情趣。

酒店位于泰国西北海岸 Cha-Am 小镇，风景秀丽，建筑在海风的吹拂和阳光的沐浴下自在呼吸。酒店的休息寓所类型多样，有地面住房、花园洋房以及泳池别墅。每个房型都宽敞明亮，大气典雅，游客们可以根据自己的喜好进行选择。

酒店大厅入口处的台阶，天台上的倒影池，灯光下斑驳的树影……每一处景观细节都低调朴素却令人难以忘怀，是建筑师向环境献上的最高敬意！最令人震撼的是酒店超尺度水平延展的大阶梯，登上酒店的制高点，这里拥有空旷敞亮的视野，面朝辽阔无垠的大海，背靠苍翠葱郁的山峦，开敞宽广的接待空间给人以神圣感，也为各种派对活动觅得一处大自然的绝美舞台。放眼望去，层层跌落的水面与大海相接，水天一色，徐徐海风携带着大海与阳光的味道，让人心旷神怡。酒店的餐厅拥有流动开敞的公共空间，一根根粗壮倾斜的柱子矗立其中，简约却不简单，让宾客仿佛置身于森林之屋中。最动人的演出是在入夜后，水池中央“水、火”之秀，将水与火相融相交，这是最淳朴的自然元素的舞蹈，新颖独特，将酒店的夜晚装点得更加迷人。

Duangrit Bunnag 的建筑是传统与现代的结合，中规中矩与特立独行的融合。当地的土、木、石等材料相互辉映，勾勒出简约的建筑线条，形式的细腻，以及空间的流动，开放又内敛、粗犷又细腻，这也是建筑师的西方学习背景与东方文化熏陶交融的结果。设计打破了内部与外部、建筑与风景的人为分割，里外颠倒、内外交融的手法将建筑与自然相融，硬线条与天然材质相结合，加之张弛有度的局部柔化，更是巧妙地阐释了现代建筑的“在地”设计。

建筑师有意地消除了连接，致使空间流通不明确，利用柱互叠斜拉杆结构，故意制造出内外颠倒的感觉。这样的处理方式正是Duangrit Bunnag设计的高明之处。

泰国查安海滩和平酒店（Thailand Alila Cha-Am Resort Hotel）

泰国查安海滩和平酒店（Thailand Alila Cha-Am Resort Hotel）（www.sheratonhuahin.com）

4. 泰国瓦兰达度假村（Veranda）

江流天地外，山色有无中。——唐　王维

时间：2008 年

地址：737/12 mung Talay Road，Cha-Am Petchburi 76120，Thailand

瓦兰达度假村坐落在查安苍翠繁茂的花园内，比邻美丽的华欣沙滩。度假村拥有 10 多栋豪华舒适的池边别墅和 80 多套特大客房、豪华套房、海滨套房及行政套房，均为原木构架和白色"土"墙建筑，并可俯瞰泳池和海滨。凭借优越的地理位置，瓦兰达所有的客房都可以欣赏到日出景象。

度假村因水而筑，依水而居，水成为度假村的"生命"。建筑师对水的喜爱与敬畏表现在各个细节中。入口大厅中心点的涌泉是水的源头，分散流向各功能区和庭院，继而汇入中央水院，最终汇入大海。水也成为串联各功能用房的载体，客房内的水院连通了盥洗空间，随处可见的水庭院活跃了度假村的氛围。建筑师以"水"为元素进行艺术创作，利用水的流动性，使水蜿蜒贯通整个酒店空间，名副其实地形成了以"水"为主题的建筑组群。

此外，建筑师还巧妙地运用错落的层高，打造出流畅、纯净、一体的视觉体验。宾客呼吸着充满负氧离子的新鲜空气，观赏纵横交错的水中倒影，室外宽敞的中心水院和泳池大堂尽收眼底。朴素无华的建筑通过各公共空间遮阳、避雨、采光、通风等手法措施，最大限度地利用自然的力量，只在局部使用人工调节系统。木构坡屋顶、特色土砖陶瓦、芭蕉树等地方植物的采用，毫无工业化建造的痕迹，这种淳朴本真的"在地"表达方式，使建筑与自然环境浑然一体。

泰国瓦兰达度假村（Veranda）

江流天地外，山色有无中

泰国瓦兰达度假村（Veranda）

5. 希腊圣托里尼岛波尔图菲拉酒店（Porto Fira Suites）

圣托里尼，一座尊重生命的伊甸园，爱琴海的蓝色与白色缠绵交织出的静谧和绚丽在这里都能找到。湛蓝的大海倒映着日出日落，生活的奔波乏味在和煦的阳光下瞬间化为乌有。

时间：2012 年
地址：Caldera Cliffs，Fira，Fira 84700，Greece

圣托里尼是一座特别的岛屿。公元前 1500 年的一次火山爆发，使岛屿中心大面积塌陷，圆形的岛屿骤然变成我们今天所见的月牙状。火山和地震把古老的历史掩埋起来，也翻开了圣托里尼新的一页。圣岛这颗红土地上的明珠正从爱琴海的南端冉冉升起。

圣托里尼就像是卡尔维诺笔下才会存在的城市，岛上的房子都建在从海上拔地而起的火山口悬崖边，白色的地中海建筑镶嵌在数百尺高的峭壁上，建筑均由天然材料以“在地”的建构方式建造，与当地人的生活紧密联系。岛上自然景观奇特，建筑或依势而建，或利用自然地形凿洞为室。圣岛的祖先们曾在火山岩壁上挖出一个个山洞，作为自己的栖身之所，随着时间的推移，这些洞穴演变成为一种建筑风格。

由于用地稀缺，岛上建筑的空间十分紧凑，那些在岩石上搭建的房屋，有着高低错落的平台，远远望去，仿佛是从峭壁中生长出来一般。蓝顶与白墙也勾勒出了圣岛独特的风景，吉祥的蓝色与圣洁的白色成为经典搭配，加上光与影的覆盖，建筑空间显得丰富而有戏剧性。建筑随着早、中、晚不同的时间推移呈现出不同的面貌，成为了爱琴海畔一颗颗靓丽的宝石。

波尔图菲拉酒店是圣托里尼岛上的特色酒店。酒店小巧精致，利用火山岩等天然石材，依山就势，通过跌落有致的错层布局建于悬崖峭壁之上，每间套房都设有带家具的阳台或露台，可以俯瞰日落美景，欣赏费拉湾和火山全景。酒店套房以圣岛传统的洞穴风格为主，巧夺天工。我住的房间面朝大海，能从各个角度毫无遮挡地观赏到爱琴海的美丽风景，海风拂过脸颊，能嗅到淡淡的大海的气息。或许只有住在这样的酒店中，才能更深切地感受到圣托里尼岛独特迷人的气质。

希腊圣托里尼岛波尔图菲拉酒店（www.portofira.com）

希腊圣托里尼岛波尔图菲拉酒店

希腊圣托里尼岛

圣托里尼——一座尊重生命的伊甸园。爱情海的蓝色与白色缠绵交织，出奇静谧，仿佛所有的色彩在这里都找到了它们应有的归宿，湛蓝的大海倒映着日出日落，生活的奔波全然瞬间在和煦的阳光下，化为乌有。圣托里尼生长在这里，也只属于这里……

希腊圣托里尼岛全景

6. 土耳其艾尔菲娜洞穴酒店（Alfina Cave Hotel）

Alfina Cave Hotel 是当地洞穴酒店的一个代表。酒店位于卡帕多西亚的岩层附近，凿穴为居的方式体现了当地居民的智慧。外观上，如同陕北的窑洞，入内一看，现代化的气息扑面而来，实为游客的理想居所。

时间：2012 年

地址：Istiklal Caddesi No.89，Turkey 50400

艾尔菲娜洞穴酒店所在的乌希萨尔（Uchisar）小镇，是卡帕多西亚地区的制高位置，可以观赏到卡帕多西亚奇特的地貌和优美的景致。该酒店是本地区唯一的 SPA 洞穴酒店，地形优势为宾客提供了俯瞰整个红谷的开阔视野，并可以观赏到惊艳的日出日落。艾尔菲娜洞穴酒店因其独特的品质和奢华的概念，被大众认知并喜爱。

洞穴酒店以山体为结构和界面挖掘而建，外观与中国陕北的窑洞如出一辙。洞穴空间界面自然、粗犷，与室内光洁的木地板、精致的窗帘、地毯，舒适的沙发、床品以及无处不在的优雅得体形成了鲜明对比。山体中开凿的洞穴房间有大有小，房间外露台层层相连，酒店客房、卫生间、储藏室等空间的高差处理随形就势。窑洞内部空间也随地势丰富多变，岩石墙壁拥有天然的土黄色，传递着原始穴居的生活气息。每到傍晚，洞穴内昏黄的灯光映衬着建筑，使整个酒店恍如镶嵌在群山里的宝石，似乎正与云霞倾诉着不舍的情愫。也许只有真正融入当地环境的民间匠人，才能做出如此打动人的建筑吧。

卡帕多西亚地域风貌

Alfina Cave Hotel 是当地洞穴酒店的一个代表。酒店在卡帕多西亚的岩石层附近，凿穴为居的方式体现了当地居民的智慧。外观上如同陕北的窑洞，入内一看现代化的生活气息扑面而来，实为游客的理想居所。

土耳其艾尔菲娜洞穴酒店（Alfina Cave Hotel）

7. 巴厘岛蓝点酒店（Blue Point Bay Villas & Spa Hotel）

去巴厘岛旅行，如果只依照旅游攻略入住一间海岛度假村，清早逛海神庙，日落去金巴兰，那就大大辜负了这颗印度洋上的明珠！

时间：2012 年
地址：Jalan Labuansait，Pecatu 80364，Indonesia

巴厘岛是一片自由而天然的土地，这里四季青山绿水，万花烂漫，水清沙白，民风淳朴，是世界最棒的旅游度假区之一。

慕名而来的我们在游访了众多酒店后，最终入住了巴厘岛的蓝点酒店。高空俯瞰，酒店泳池的造型犹如三个蓝色的圆点，酒店也因此得名"Blue Point"。蓝点酒店位于巴厘岛南端乌鲁瓦图悬崖上，悬崖下是著名的冲浪圣地，设计融合天然的地理优势，弯曲的户外泳池，将印度洋海景尽收眼底。在无边泳池内眺望海景，有种与大海链接的美妙错觉。

蓝点小礼拜堂（Blue Point Chapel）是酒店浓墨重彩的一笔，挑高的礼堂及四周的玻璃帷幕，使教堂呈现出如同水晶般的透亮。教堂面向清澈的印度洋，海天一色的浪漫美景，是上帝赐予的最美祝福，见证着来自世界各地的恋人们的幸福时光。

蓝点酒店设有三十间独户别墅和三十间巴里岛风格客房，海景餐厅、SPA 中心。黄昏时分，静坐吧台，点一杯果汁，面对湛蓝的大海，望着太阳一点点隐没，不经意间，身心也融入了美景之中。

巴厘岛蓝点酒店（Blue Point Bay Villas & Spa Hotel）（www.bluepointbayvillas.com）

巴厘岛蓝点酒店（Blue Point Bay Villas& Spa Hotel）

若去巴厘岛旅行，只依照旅游攻略入住一间海滨度假村，清早游海神庙，出港去金巴兰，那就大大辜负了这颗印度洋上的明珠！

巴厘岛蓝点酒店海景

8. 海南三亚半山半岛洲际酒店（Inter Continental Sanya Resort - Sanya）

三亚半山半岛洲际酒店的魅力源自建筑与自然环境的完美融合，它是一个由山、海、建筑、花木等组成的开放式大花园，浓郁的“在地”氛围更使它充满了鲜活的气息。

时间：2012 年

地点：210 Provincial Rd，Sanya，Hainan，China，572021

三亚半山半岛洲际酒店坐落于原生态沙滩与美丽的群山之间，这里一半是天堂，一半是海洋。葱郁秀丽的热带花园、椰树摇曳的壮阔海滩，每一处都洋溢着蔚蓝海岸的热带风情。热情的服务员为你戴上兰花手环，新鲜的番石榴汁帮你舒缓旅途颠簸。

酒店有独栋别墅和 200 间客房，三分之一的客房位于一个高层弯曲的线性体块中，所有房间都能饱览海景；三分之二的客房散布于水景花园之中，每间客房都配有独立的露天花园和浴室。水平展开呈组团状的建筑群，通过顶部开洞、架空和天井来获得自然通风、采光，客房空间延伸出的退台均能眺望大海，且这些退台、阳台、院落通过墙体遮阳、格栅及绿化保证隐秘性。每个建筑空间都面向一处以当地稻田为灵感设计的园林景观，不同的景观又有不同的氛围和特色。最有特点的是酒店的屋顶花园，俯视望去，大面积的绿色植被如同一件庞大的园林设计作品，为波澜壮阔的大海增添了一道靓丽的绿色风景线。酒店室内设计简洁明快，采用了大量当地的天然材料，并收入了海南黎族的传统文化元素。弧形伸展的主楼亘古深邃又幽然通透，外立面深浅不一的灰色花岗岩和铸铁花格，在夜晚灯光的衬托下，宛若为纤薄优美的建筑披上了一件美丽的纱衣，熠熠生辉。椰树毗邻、海风迎迎，自然景观与酒店环境完美融合。

海南三亚半山半岛洲际酒店（hotel.yd3000.cn）

三亚半山半岛洲际酒店（InterContinental Sanya Resort）

三亚半山半岛洲际酒店的魅力源自建筑与环境的完美融合，它是一个由山、海、建筑、花木等组成的开放式大花园，浓郁的"在地"氛围，更使它充满了鲜活的气息。

海南三亚半山半岛洲际酒店

9. 杭州富春山居度假村（Fuchun Resort）

“那是一种对于遥远文化的渴慕，对于感官欢愉的欲求，对于创意及优雅生活的激赏。”——Adrian Zecha

富春山居度假村的空间丰富而深邃，每一处细节都标注着对极致的追求，黄公望宁静致远的画意从遥远古代经由这天然丘壑进入了富春山居的设计之笔。相较于其他度假酒店，富春山居另有一种境界——带有寂静味道的安宁，“让人脱离世事的嘈杂，关注内心的愉悦”。居停于富春山居的浮生数日，细节之处，方寸之间，皆能感受到每一位从业者非凡的情怀与匠心。

时间：2014 年
地址：Fuyang Section，No. 339 Jiangbin Dongdadao，Dongzhou Area 311401，Hangzhou，China

富春山居度假村位于黄公望晚年结庐隐居之地，倚富春山葱茏翠耸，临富春江空水澄鲜。度假村以另一种存在形式延续了“富春山水”的一脉灵秀，将黄公望的隐居雅事转化为遥望云山、坐观流泉。驱车驶入杭州杭富沿江公路的富阳段，自然景致越来越清秀幽深，富春江水蜿蜒开合，两岸山峦连绵起伏，好似一幅淡雅的水墨画。通过曲径通幽的方式步入酒店，抑扬顿挫，收放自如，这是建筑师神会富春山水之灵气设计手法后吐露真性情的表达。

沿着大堂颇具庄严感的廊柱向左，是餐饮区与湖景客房区（底层）构成的东侧院落；向右为康体区与园景客房区构成的西侧院落。东侧院落以围廊环绕，形成水、木、石等自然元素相映成趣的中式园林内院。向外临湖一侧，则做足了江南水乡亲水的文章，尤其是湖畔露台，绝对是不容错过的绝佳赏景之处：远山如黛、湖泊如鉴，茶园丘陵如画卷般于眼前徐徐展开，丛林村舍、渔舟栈桥，间或缀于水云之间。无论烟雨空山或是余晖斜映，静静地斜靠于藤椅上放空一会儿，沉醉于湖光山色间，时光都仿佛放慢了步伐，仅留下了山水相对的空灵，涤去尘世纷扰的悠然。若想与山水再近些，可踱至客房楼层的码头，乘上古法制作的渔舟，缓缓放舟于湖上。船橹轻摇，湖水微漾间，划入天青色的烟雨之中，那份水乡的怡然，仿佛直入梦里。

在富春山居的设计中，建筑师用现代设计语汇表达了传统中国江南建筑的意向，虽不是我们眼中所熟知的具象江南，但极致的理性凝练在线条之中的对称式建筑构架，呈现出平和而恢宏的气势，细节处更是充满禅意。建筑、庭院与山水相融相契，孕育出内在和谐的平衡之美。

www.guanhotels.com

富春山居度假村（Fuchun Resort）

"那是一种对于遥远文化的渴慕，对于感官欢愉的欲求，对于创意传统雅致生活的欣赏。"— Adrian Zecha

富春山居度假村空间丰富而深邃，每一处细节都标注着对极致的追求。黄公望宁静致远的画意从遥远的古代经由这天然山壁进入了富春山居的设计之中。其山水意境"让人脱离世事的嘈杂，关注内心的愉悦"。居停于富春山居的浮生数日，细微之处方寸之间，皆能感受到每一位从业者背后的情怀与匠心。

杭州富春山居度假酒店

10. 恒茂御泉谷国际度假山庄（Mont Aqua Resort）

恒茂御泉谷国际度假山庄的设计，是与当地风景的一次对话，也伴随着对当地建筑文化的“在地”思考。表象上是对自然、地理、气候、景观的利用、空间的组织、形式的梳理，内里更隐含着在历史、文化、民俗、宗教、生活方式、审美观念等意识形态长期影响下的价值观。

有着浓厚乡土特色的山地建筑，注重情感和文化的渗透，多元个性化的空间让人忘却世事，流连忘返。

时间：2014 年
地址：Gong Bay Resort，Gaohu Town，Jingan County，Yichun City，Jiangxi province

恒茂御泉谷国际度假山庄坐落于素有“白云深处，靖安人家”美誉的宜春市靖安县内，紧邻国家级示范森林公园三爪仑风景名胜区。青山环绕、绿水萦回，倚靠天然温泉，毗邻宝峰寺院，是江西一处休闲度假、禅修养生的胜地。

恒茂御泉谷的设计遵循“回归自然”的原则，将当地居民最纯朴最原真的生活状态延续到设计中来。建筑依山而建，随路转折渐渐呈现，忽隐忽现于山林之间；建筑的标高依地势起伏而定，空间布局让每栋每户都能与山间水溪在视觉上对话交流，将周边的自然景观尽收眼底；设计选用了当地的竹、石等建筑材料，并以当代设计语汇表达出对大自然的敬畏。

中心酒店是御泉谷的核心部位，入口雨篷坡向飞出，木构屋架形成的灰空间以自然、纯朴的温馨姿态迎接宾客的抵达。大堂进深不大，却与轴向水庭顺势融合，再穿过架空廊道，远处的山景扑面而来。宾客进入其中会立即被宁静的水庭和远方的景色所吸引，瞬时拥有置身自然山水间的玄妙体验。水庭为两层建筑环绕，建筑师力图以强烈的秩序感来营造安静的氛围，立面的窗扇等元素尽可能用最为纯净的形式设计并保持对称。酒店有着严格的动线分流和功能分区，但更推崇人在自然中畅游的理念，宾客的行动完全按照景观需求进行排布。全方位景观的特色餐厅临水而建，温泉大厅则掩映于周边绿植之中。享受泡浴的人们可以尽情放松，一览室外山水间的无尽美好。游走于酒店之中可以发现、聆听、感受、休憩，随心而动，充分享受度假的愉悦时光。

御泉谷的景观“小中见大”，欲将“方寸之地”幻化成“天地万象”的胜景。温泉蒸腾，仿佛云海般水雾缭绕，伴着花草的芬芳，似醉未醉，享受着天然温泉水的亲抚，一瞬间，身心便沉醉在泉水、这大自然的艺术杰作之中。

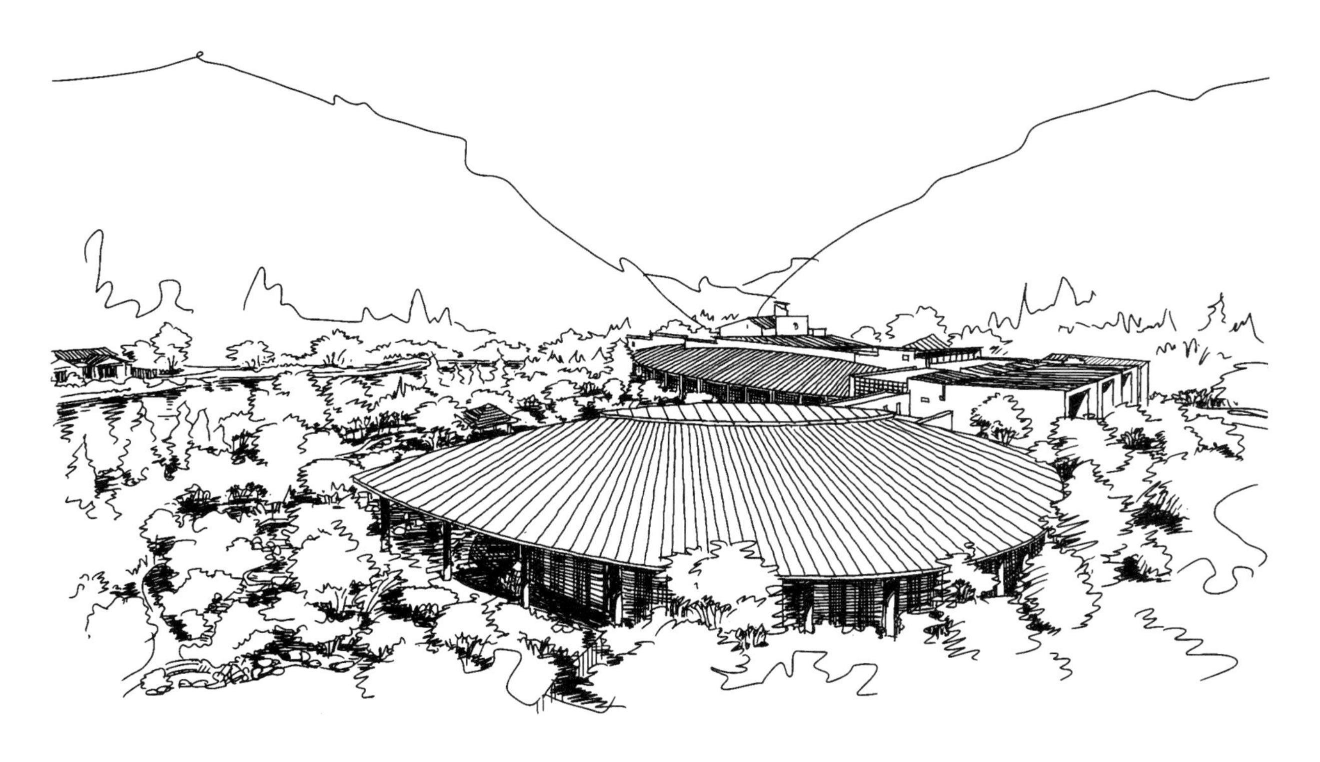

恒茂御泉谷国际度假山庄（Mont Aqua Resort）

御泉谷的设计是与当地场景的一次对话，也伴随着建筑的"在地"思考。表象上是对肌理、空间、景色的借用，空间的组织，形式的梳理，内心里是隐喻着地方历史、文化、民俗、生活方式等意识形态长期影响下的价值观。有着"在地"乡土特色的建筑，注重情感和文化的深度，多元个性化的空间让人忘却世事，流连山水之间。

恒茂御泉谷国际度假山庄

11. 民宿菩提谷（The bodhi valley）

“一花一世界，一树一菩提。”花中有空，方能容下一世界；树亦有空，方可为禅意无穷之菩提；人心放空，才可任躁动的心安定，身如琉璃，净无瑕秽。

时间：2016 年
地址：NO，1 Shengjiatou，Tai Gong Tang village，Yuhang District，Hangzhou city，Zhejiang Province，China

在杭州鸬鸟的乡间，有一处取法自然、乐活山间的屋舍——菩提谷。

万亩竹山之中，溪水穿谷而过，远远望见菩提谷半隐半现于竹林之中。沿着石头小径拾级而上，便来到一个富有民间创意的小院落，屋前用旧式马槽、舂米石钵改成的花圃，朴素又特别，为小院增添了些许生机。老宅经过改造，修旧如旧，以质朴与自然对话。

菩提谷的空间设计有着简素之美，如中国画的留白。最让人印象深刻的是设计依托裸露的山体，将石崖作为室内的空间界面，甘甜清凉的山泉从长满植物和绿苔的石崖中慢慢渗出，野趣盎然；设计还特意将浴缸放置于石崖边，沐浴时，屋内与巨石同居，窗外竹林环绕，远处山影朦胧，缭雾氤氲，仿佛转换了时空，如水墨般的写意；设计中保留了会呼吸的厚土坯墙和充满情感的老木屋架，斑驳的肌理让人感觉熟悉又自然；屋内的各个角落都充斥着原生态，木质感的家具和摆件，麻绳屏风、千年乌木以及大厅内那一席围坐的石炉等，低调的减法陈设，却恰好为这竹林掩映下的小屋营造了安静、自然的气质。老宅之外，主人还用当地的原生建材竹子加建了一个会“呼吸”的餐厅，这里可以吃到山野的新鲜食材和自种的有机蔬菜，让人从里到外回归自然。

来菩提谷，只闻花香，不谈喜悲，尘嚣到此戛然而止。远处山峦迭起，云雾缭绕，近处草木芬芳，恬淡雅静。这里倡导的是自然闲适的生活状态，氛围中自带禅意。据说菩提谷还在生长中，将会有 18 栋以 18 罗汉命名的屋舍、以及“不看书舍”、“不听琴房”落成，它们将带着“菩提”禅意，一起守护这份宁静。

对“在地”设计的理解，没有什么比身临其境的体验更有说服力，历经岁月的冲刷，细数行走后的沉淀，愈发感到休闲度假为人的内心开启了一片迦南之野，在那里只有灵魂的暂歇，没有脚步的匆忙。不必跋山涉水，心是净土，哪里都是净土。

民宿菩提谷（The Bodhi Valley）

"一花一世界，一树一菩提。"花中有空，方能容下一世界；树中有空，方可为禅意无穷之菩提；人心存空，才可任躁动的心安定，身如流璃，净无瑕秽。

民宿菩提谷（The bodhi valley）

“在地”设计实践

——深圳隐秀山居酒店

自然中的建筑

岭南建筑有着悠久的历史，在自然、文化、社会等因素的作用下，通过对建筑选址朝向、布局方位、空间组织及营造方式等的综合考量，巧妙地因借自然，营造出一系列与地域环境相融合的、满足一定舒适要求的生活环境，形成了具有鲜明地方特色的建筑形象。

岭南地区以山地、丘陵为主，自然奇景众多，地貌类型多样，地表植被丰茂，且位于东亚季风气候区南部，具有热带、亚热带季风海洋性气候特点。在传统农耕社会中，耕地作为人们赖以生存的重要资源，对于人多地少的岭南地区而言更加弥足珍贵，因此建筑营建以不占用良田为原则，多选址于地势起伏较大的坡地上，通常为背山面水或背山面田的整体布局，建筑顺应山形水势，与周围环境和谐共生（岭南村落背山面田的手绘图）。

2007 年，正中集团接手深圳高尔夫球会，委托日兴设计作为高尔夫会所设计单位。会所于 2008 年落成并投入使用，成为深圳最具特色的高尔夫会所之一，得到业主及球会会员的广泛赞誉。

此后，集团决定建设一所高端休闲度假酒店，以满足高尔夫球会的配套设施需求，同时为深圳及外来游客提供服务。当时，本项目被定位第 26 届世界大学生运动会的重要接待场所，须于 2011 年 8 月大运会开幕前投入使用，因此受到了来自正中集团领导、深圳大运会执行局及社会各界的高度关注。

2008 年，日兴设计接受正中集团委托，开始了本次“注视下”的“在地”设计之旅。设计团队多次进行实地考察，从酒店选址、市场定位、消费群体、建筑规模、经营内容等方面进行了深入研究，明确了项目的设计目标，并进一步对各功能需求进行定性与定量分析，为设计的顺利开展打下扎实的基础。我们将酒店性质定义为“毗邻高尔夫的休闲度假酒店”，取名“隐秀山居”，期望将“在地”的理念贯穿始终，统辖建筑、景观与室内设计，力求“虽由人作、宛自天开”的营造境界，以实现建筑的自然而生。

岭南村落

区位图

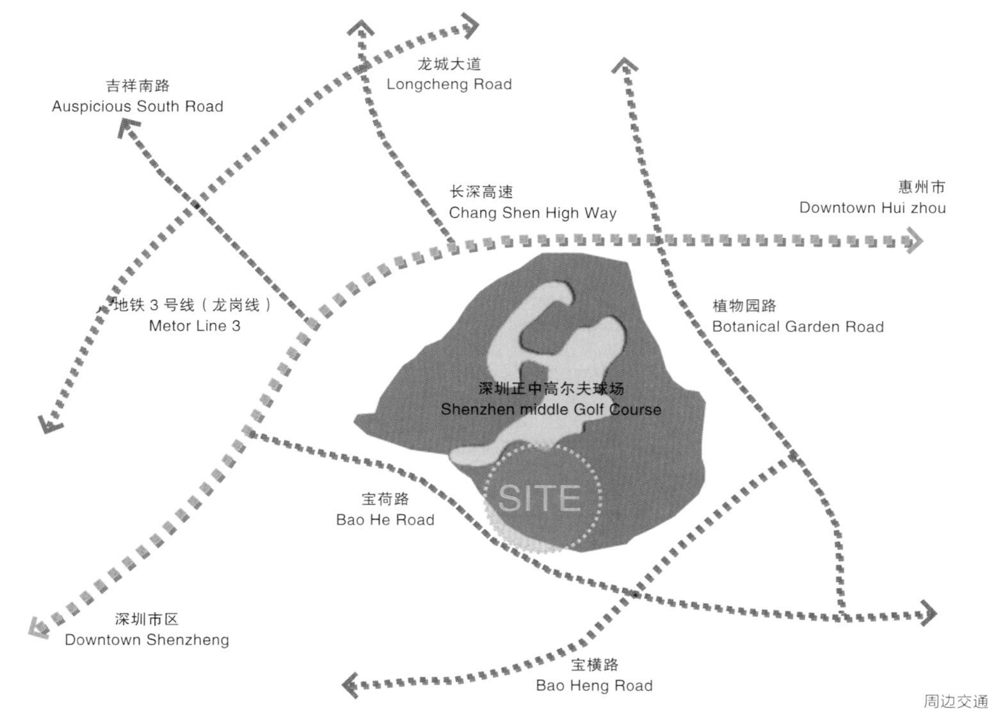
龙城大道
Longcheng Road
吉祥南路
Auspicious South Road
长深高速
Chang Shen High Way
惠州市
Downtown Hui zhou
地铁 3 号线（龙岗线）
Metor Line 3
植物园路
Botanical Garden Road
深圳正中高尔夫球场
Shenzhen middle Golf Course
SITE
宝荷路
Bao He Road
深圳市区
Downtown Shenzheng
宝横路
Bao Heng Road

周边交通

1. 横轴纵景

隐秀山居酒店选址于正中高尔夫球场内部，基地内青山延绵，碧水连连，草木丰茂，景色壮美。如何将建筑植入如画的风景中，使建筑与环境互为因借、相辅相成，是我们在设计时考虑的首要因素。同时，基地界限狭窄，东面、南面有高压线穿过，西侧、北侧是生态用地，基地被限制为一个开口朝向东北侧水面的“V”字形地块，这在一定程度上制约了建筑的布局和设计。

建筑师们对场地特质进行了充分解读，最终隐秀山居以近人的尺度，丰富的元素，沿基地呈“W”状布局，在随地形变化中纵横转折，延续伸展。纵横交错间，建筑“横”向的动线组织、功能空间与“纵”向打开的视觉空间相互交织，引入的自然风景在廊道中忽隐忽现；设计将底部的各公共空间化整为零，多片段组合，自由排列，轻盈地散落于环境中，灵动而自然。这种灵活的布局方式不仅解决了地块限制，做出了足够的退让，还使建筑低调、谦逊地融于自然，使每一个小的角落也可处处皆风景。

建筑上部的客房单元重复转折展开，充满韵律感；顶部由大片虚空间和深远出挑的屋面组成，体态轻盈。由高尔夫球场望去，建筑整体比例和谐、动感十足，与场地自然环境和谐共生。

此外，酒店将客房全部面向水面，视野开阔，以最大限度地争取自然景观。“开轩面场圃”，直面草泽，极富自然田园之趣。夏季，水体与植被调节了基地微气候环境，改善了酒店空间的舒适度；冬季，西北侧的山丘与林带，可在一定程度上削弱北风强劲的势头，成为酒店的天然屏障。

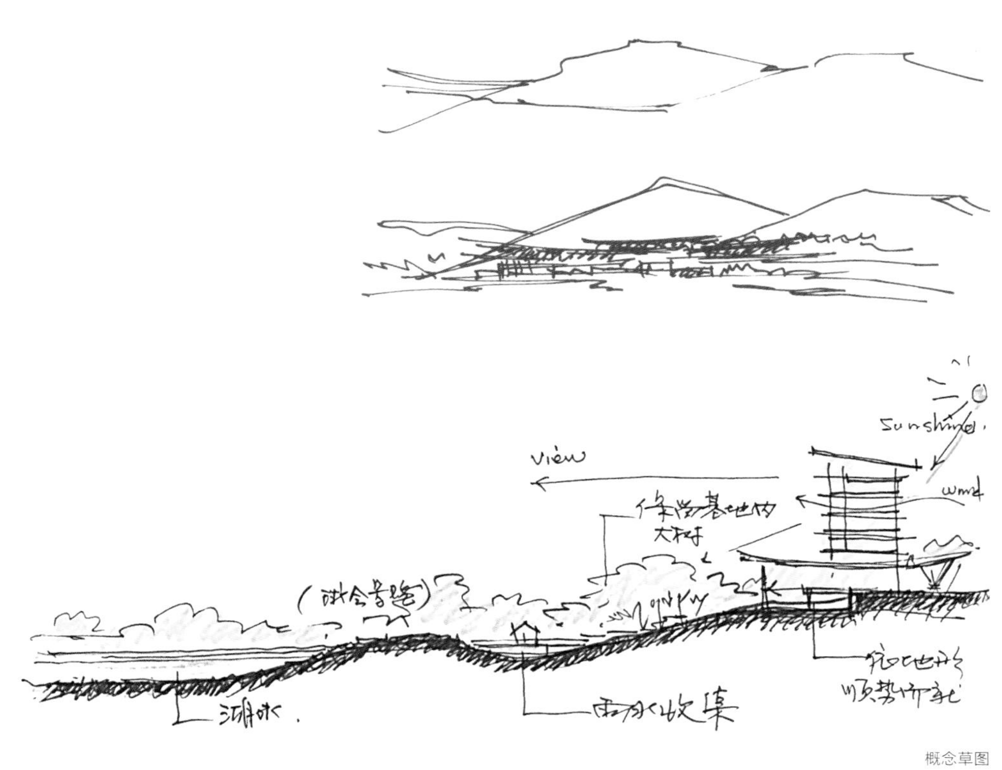

概念草图

场地环境与建筑的关系

从高尔夫会所远眺酒店

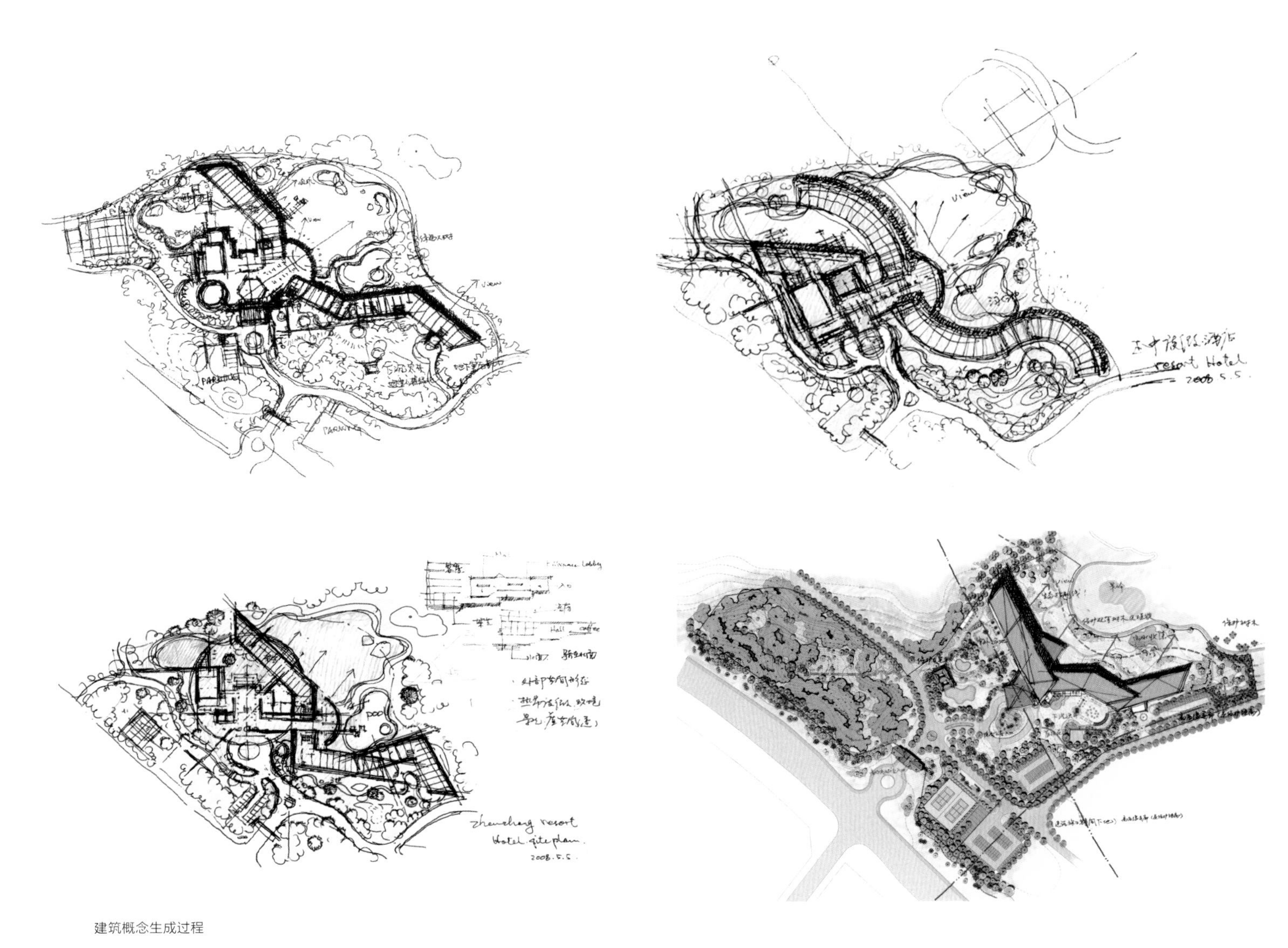
view
resort Hotel
2008.5.5
pool
Entrance Lobby
入口
Hall
coffee
resort
2008.5.5

建筑概念生成过程

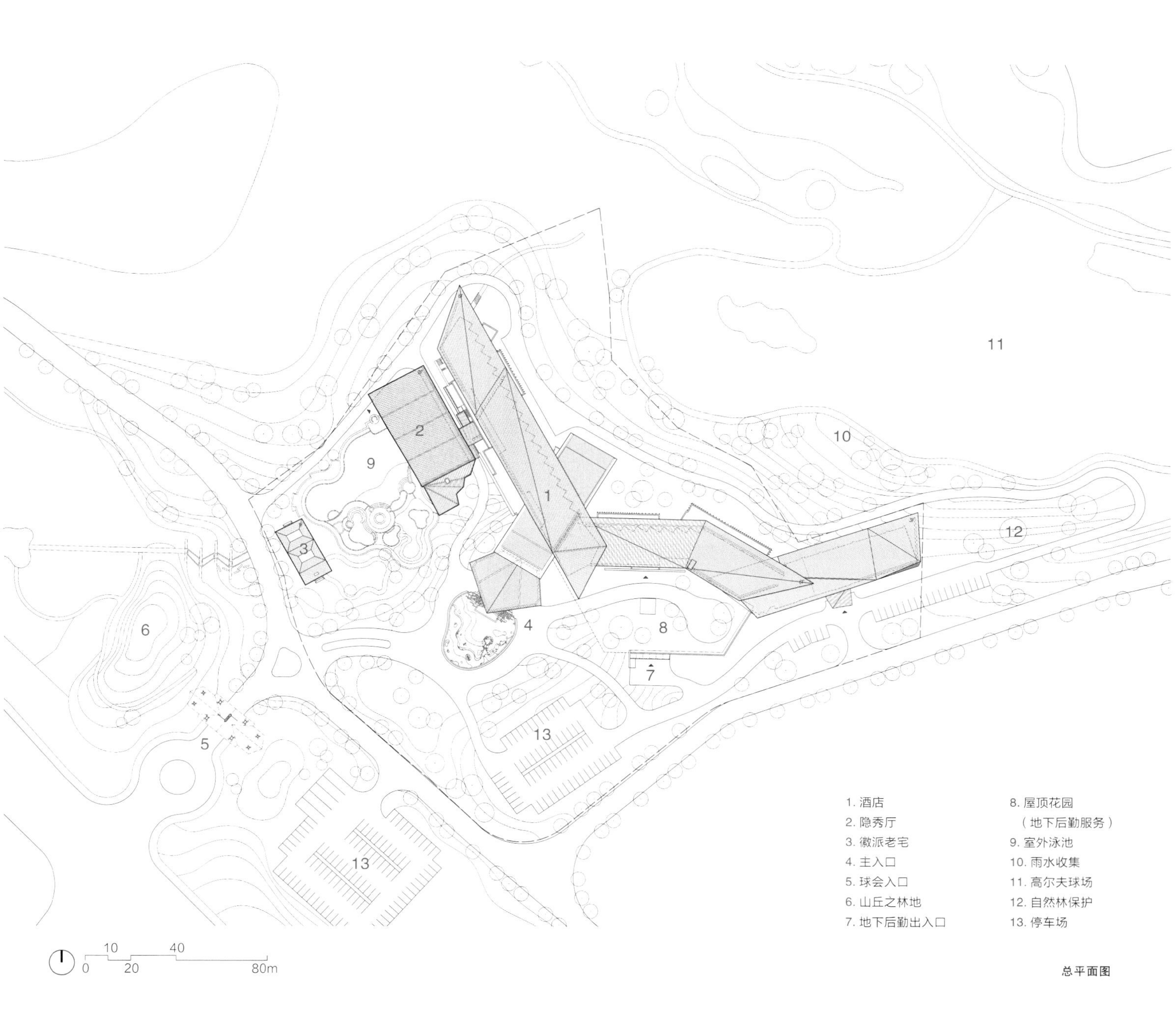
11
10
12
2
9
1
3
6
4
8
7
5
13
13
1. 酒店
2. 隐秀厅
3. 徽派老宅
4. 主入口
5. 球会入口
6. 山丘之林地
7. 地下后勤出入口
8. 屋顶花园
（地下后勤服务）
9. 室外泳池
10. 雨水收集
11. 高尔夫球场
12. 自然林保护
13. 停车场
10
40
0
20
80m

总平面图

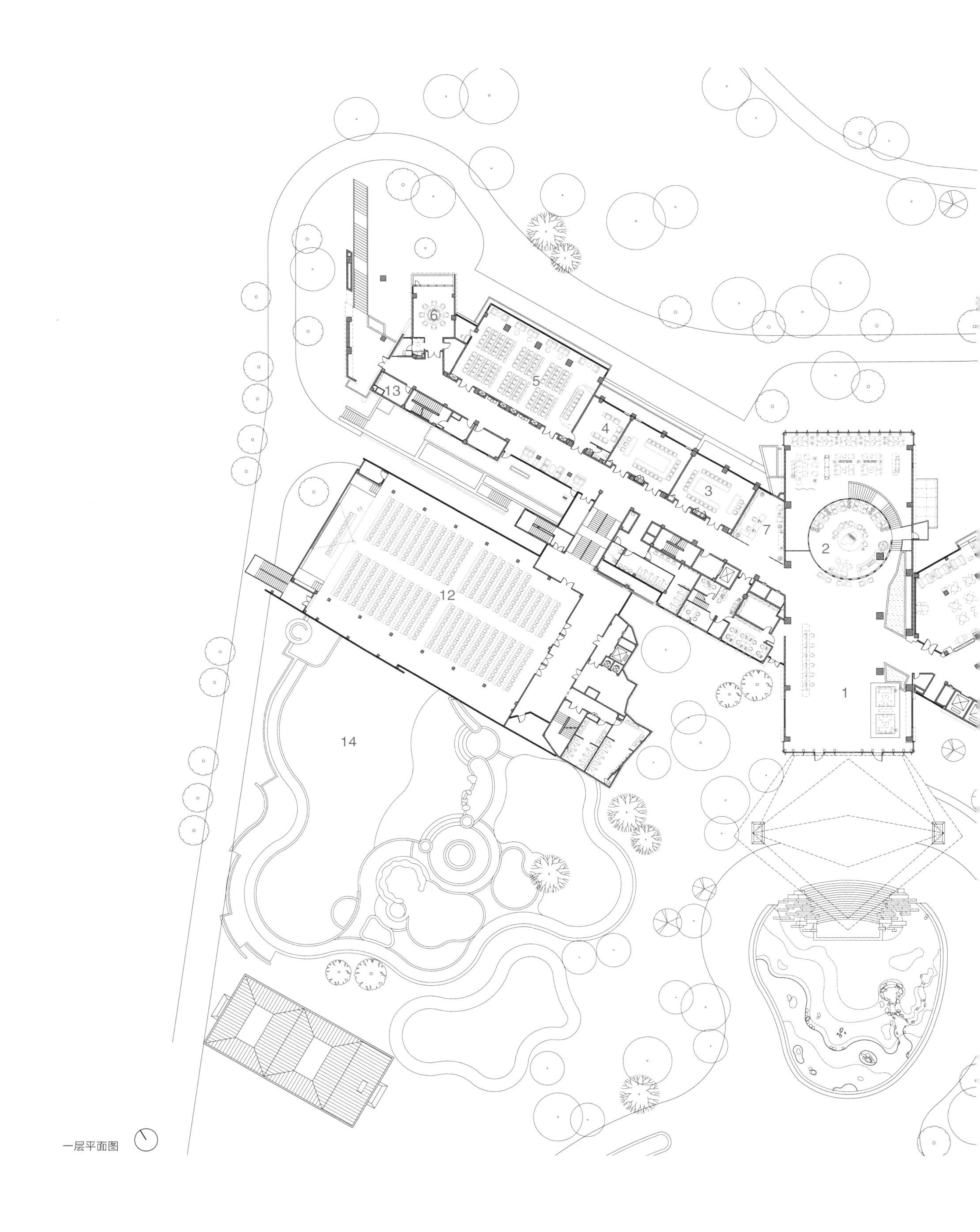

一层平面图

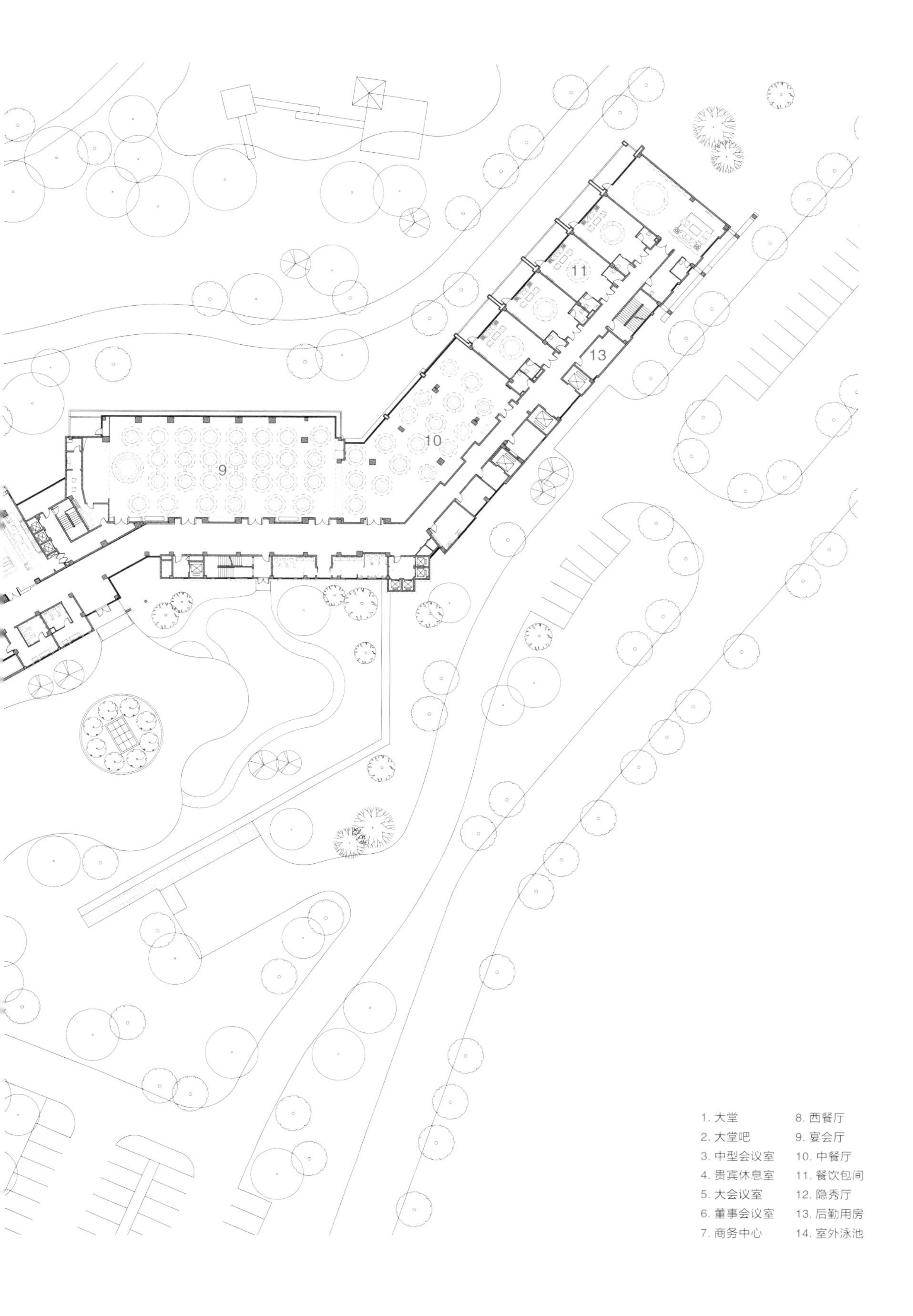
9
10
11
13
1. 大堂
2. 大堂吧
3. 中型会议室
4. 贵宾休息室
5. 大会议室
6. 董事会议室
7. 商务中心
8. 西餐厅
9. 宴会厅
10. 中餐厅
11. 餐饮包间
12. 隐秀厅
13. 后勤用房
14. 室外泳池

从湖面看酒店

从室外泳池看酒店

在地环境中的酒店

从球场看酒店

建筑与环境的共生

三层平面图

二层平面图

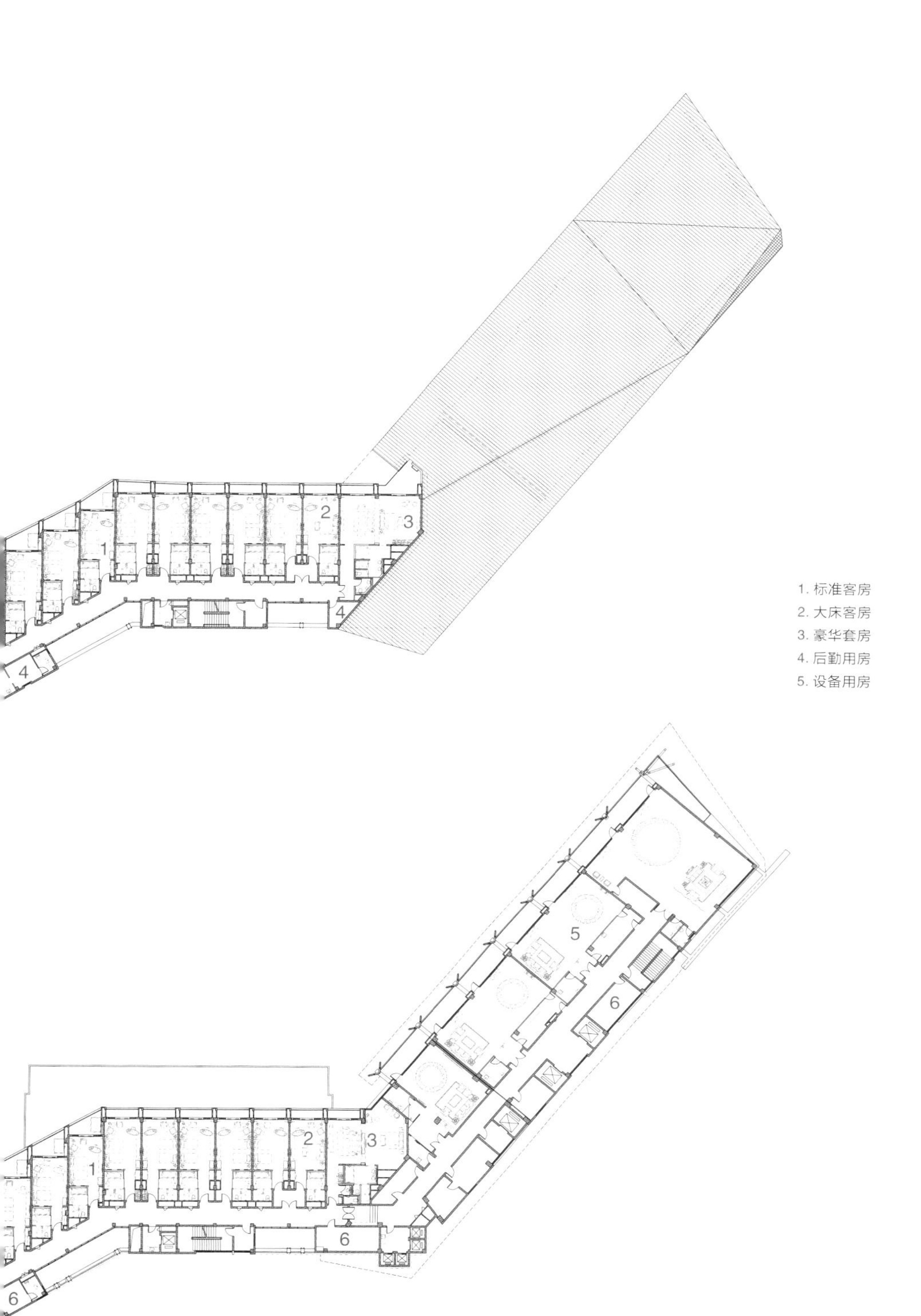

1. 标准客房
2. 大床客房
3. 豪华套房
4. 无障碍客房
5. 餐饮包间
6. 后勤用房
7. 设备用房

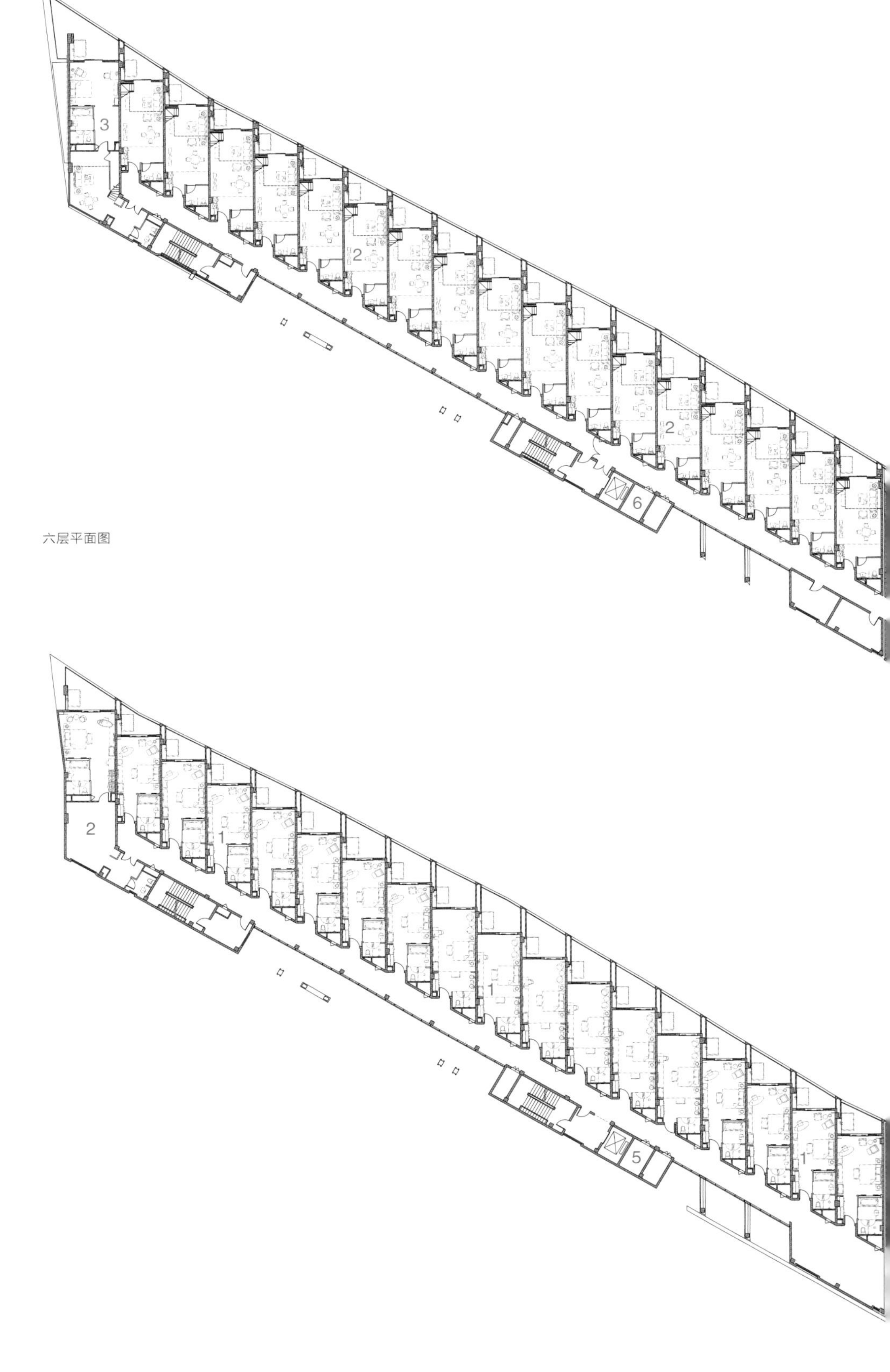

六层平面图

四、五层平面图

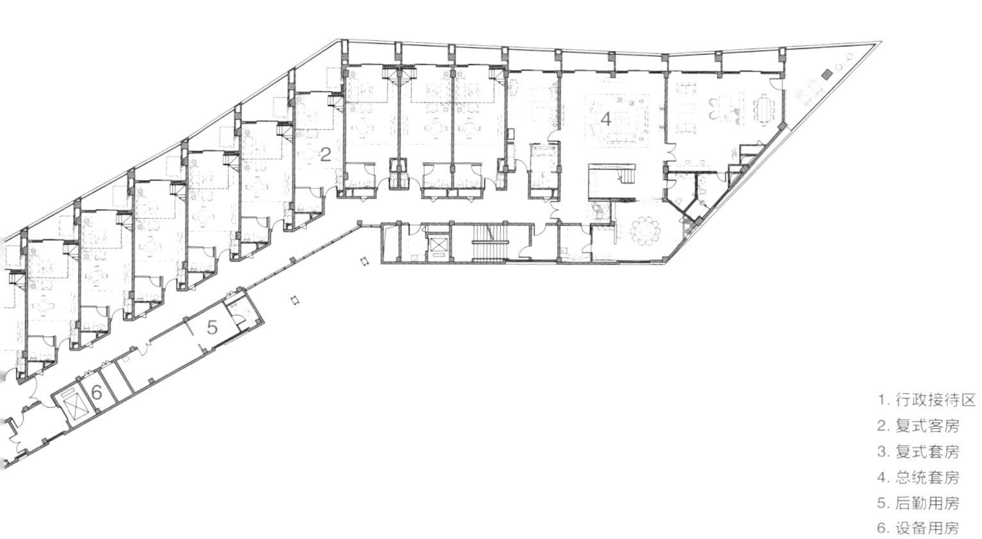

1. 行政接待区
2. 复式客房
3. 复式套房
4. 总统套房
5. 后勤用房
6. 设备用房

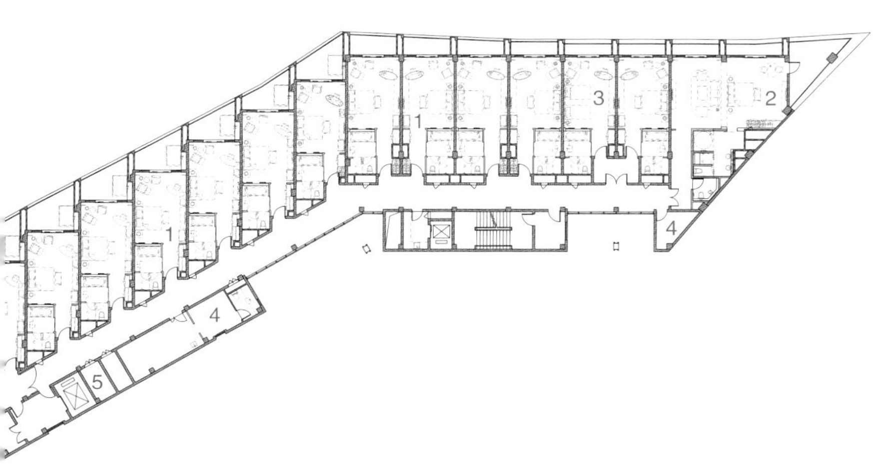

1. 大床客房
2. 豪华套房
3. 标准客房
4. 后勤用房
5. 设备用房

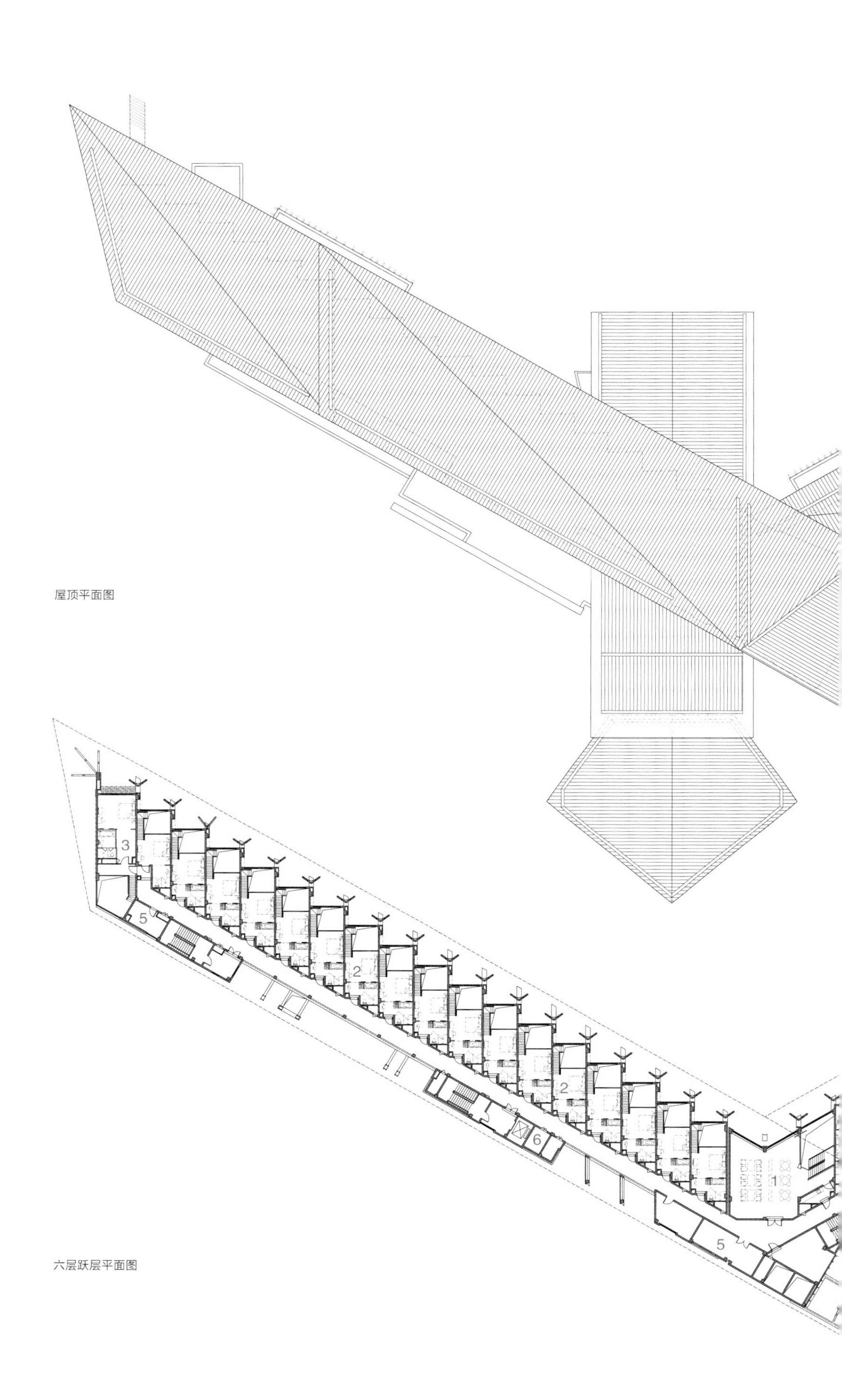

屋顶平面图

六层跃层平面图

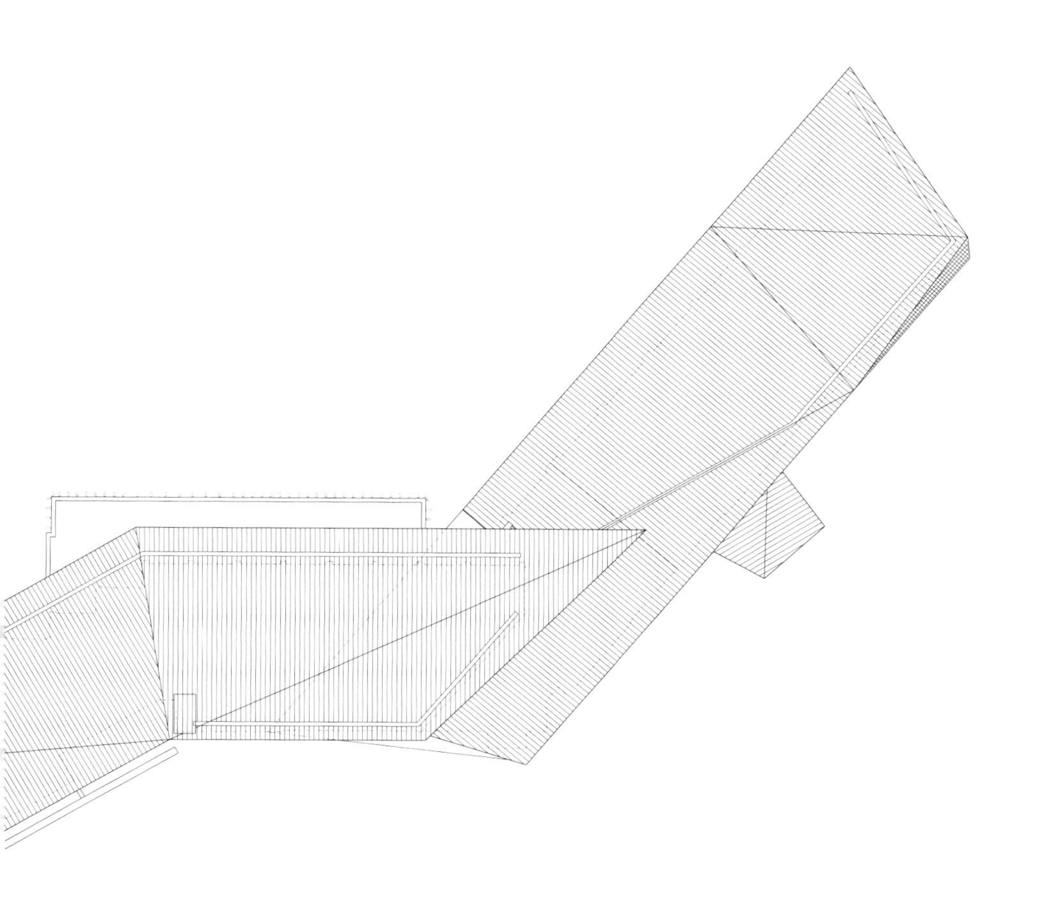

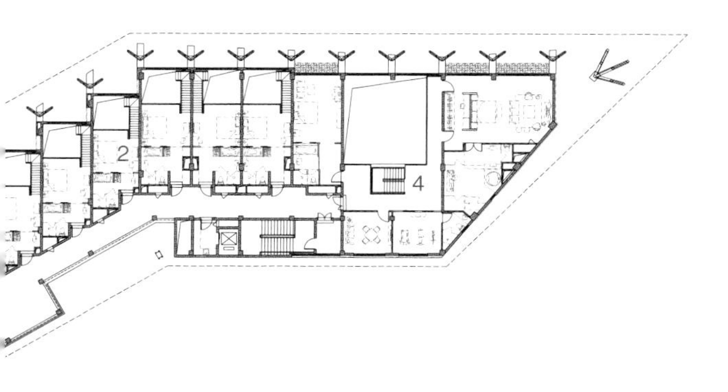

1. 行政酒廊
2. 复式客房
3. 复式套房
4. 总统套房
5. 后勤用房
6. 设备用房

2.“土 · 木”新释

隐秀山居设计之初，我们将当地的建筑格调、材料、工艺、工匠等通通纳入设计考虑范畴，木材这一原生材料便进入我们视野。岭南地区植被茂密，森林资源丰富，木建筑既便于就地取材，融入当地风物，同时还具有绿色环保、节能抗震等优点。于是我们便萌生出将酒店整体采用木构建构体系的想法，但这一构想在当时国内的规范及技术条件下极难实现。后来通过与相关部门多次沟通探讨，决定在酒店入口保留木构雨篷，这也成为我们“在地”设计中一次重要的尝试。酒店木构雨篷与点缀其间的竹构相呼应，质朴亲切的木构材料与周边环境融为一体，成为了酒店入口的醒目标志。

隐秀山居雨篷顶部最高点距地 15 米，最低点距地 8 米，呈倾斜向上的动势。我们选用了花旗松的胶合木作为雨篷的建造材料，防虫、防潮、防火。雨篷主体由五榀不规则木桁架斜向支撑，并在屋脊处对接；各榀桁架之间的上下弦由木梁拉接，形成稳定的屋面桁架体系；木桁架之上成组排列的木构檩条，巧妙承托着雨篷屋面的覆盖和出挑。雨篷的底部采用体型高大的石柱础来作为结构支撑，以应对岭南地区潮湿、多雨的气候，同时在视觉上成为巨大的木构雨篷的稳定基座。雨篷整体构造逻辑清晰，节点构造精巧细致，与岭南传统木建筑的结构体系一脉。

入口概念

木构雨篷细部

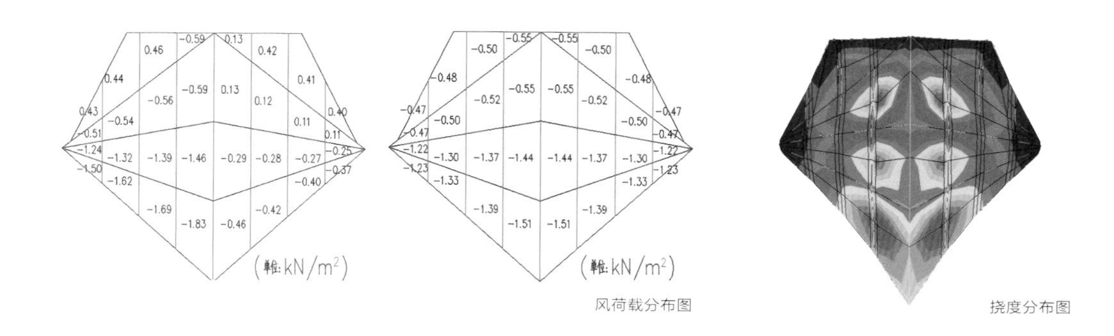

风荷载分布图　　挠度分布图

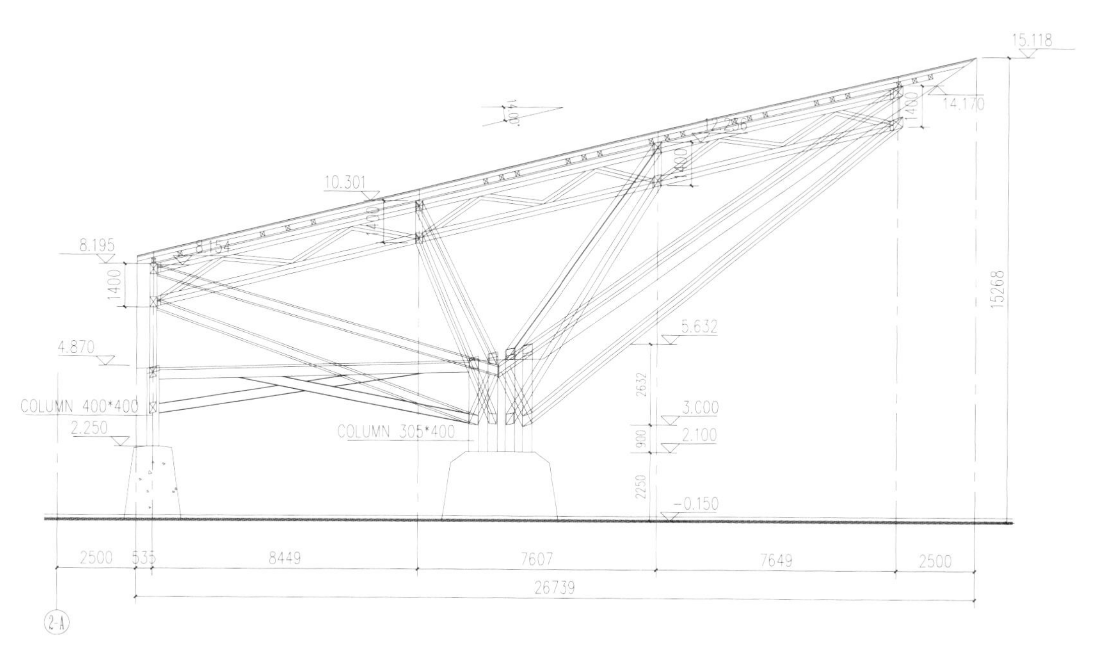

桁架侧立面图

由于雨篷上方有高压电线穿过，且要在酒店主体完工后才能改线入地。因此对于相对独立的木构雨篷，我们采用工厂预制、现场组装的方式，两侧 4 个高度为 2.25 米的承重平台，因为不受高压线影响，可以与建筑主体同时施工。雨篷所需的各种预埋件、雨水排水管线、照明线路等均预先布置到位，在高压线拆除后立即进行木构拼装。分散制造、整体组装的方式，不正是中国传统建筑的营造方式吗？木构雨篷的建造何尝不是“在地”的建构思维体现呢？通过建筑师和结构工程师密切配合，以及对国内外相关材料和技术支持的争取，隐秀山居木构雨篷得以顺利落地，并成为当时国内跨度最大的木构桁架雨篷。

概念草图

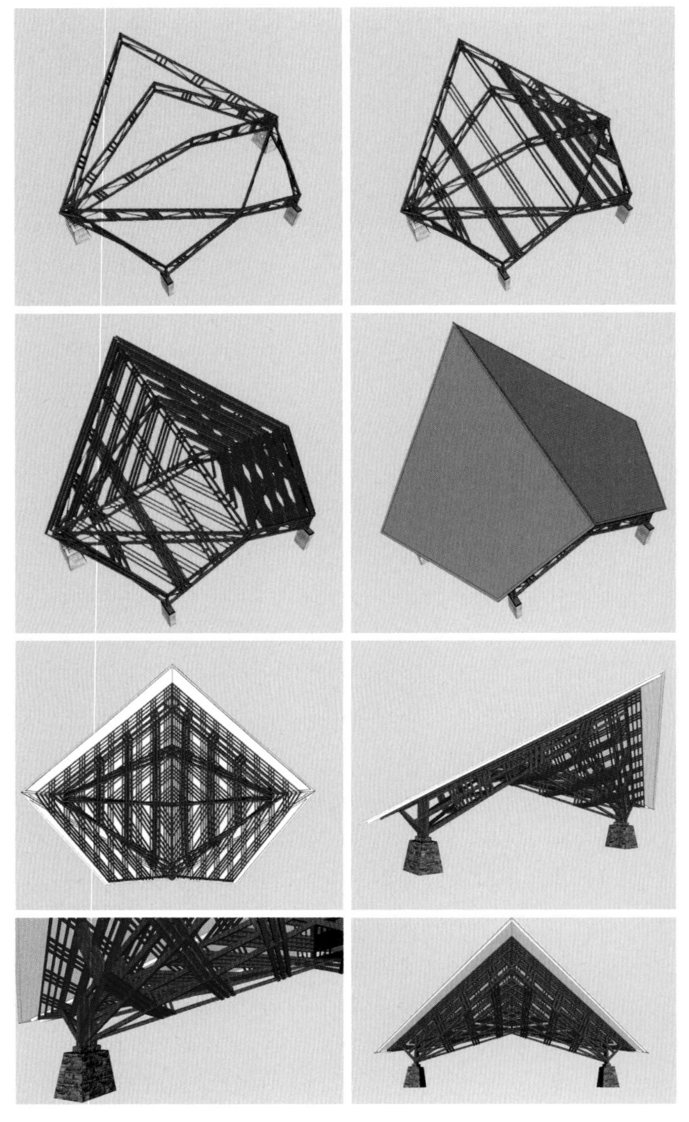

木构雨篷建构

主入口夜景

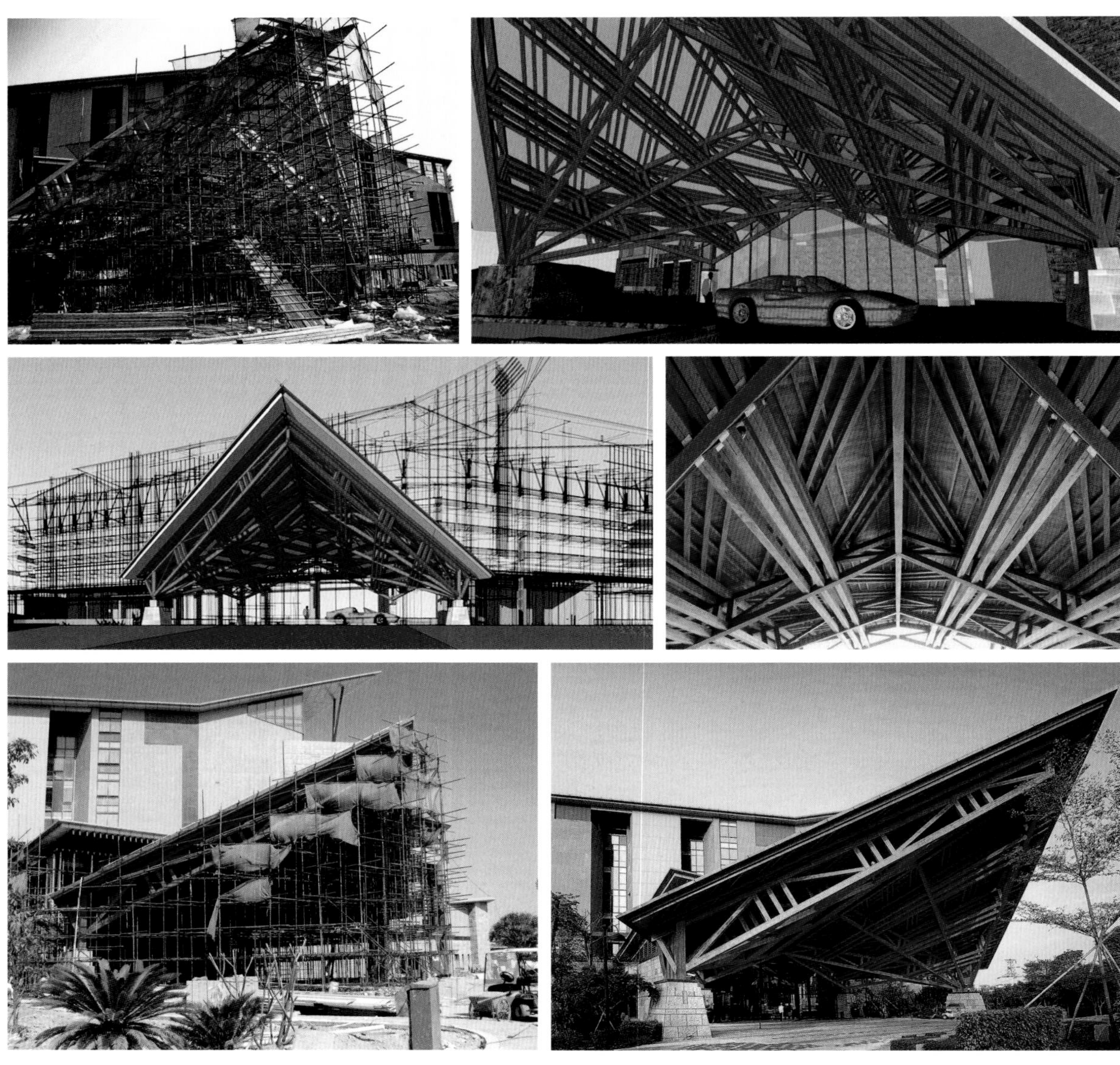

木构雨篷施工过程

木构雨篷夜景

酒店主入口立面

酒店主入口

建筑与自然环境的暧昧空间，迎来送往的客人在此相遇、交流、休闲惬意地享受度假的乐趣

大尺度的木构雨篷下空间极具安全感，与简约舒展的斜向屋面，极大地增强了建筑的飘逸动势，给宾客留下深刻的第一印象。

隐秀山居以整体逻辑自洽的建筑语言实现了与场地的应答，以一种积极沟通、互谅共存、合作共赢的态度被环境所接纳，与环境实现良性互动，使得“在地”的设计理念得以顺利实现。

对地方材料的运用是“在地”设计中不可或缺的部分。考虑到场地环境、气候特点及在地建构的模式与特点，我们在对当地的材料及建构技术进行了多方面的对比后，最终选择了与地域生活密切相关的“土”。基于当地潮湿多雨的气候特点，酒店的外围底部选用了当地盛产的石材——“珍珠绿”。它与泥土色泽相近，因为色差较大而价格低廉。建成后因为局部的色差而流露出自然而然的本色，增强了建筑“生长于斯”的“在地”感。

材料、建构与环境的在地表达

概念草图

建筑外墙材质与细部

灰空间

隐秀厅庭院一角

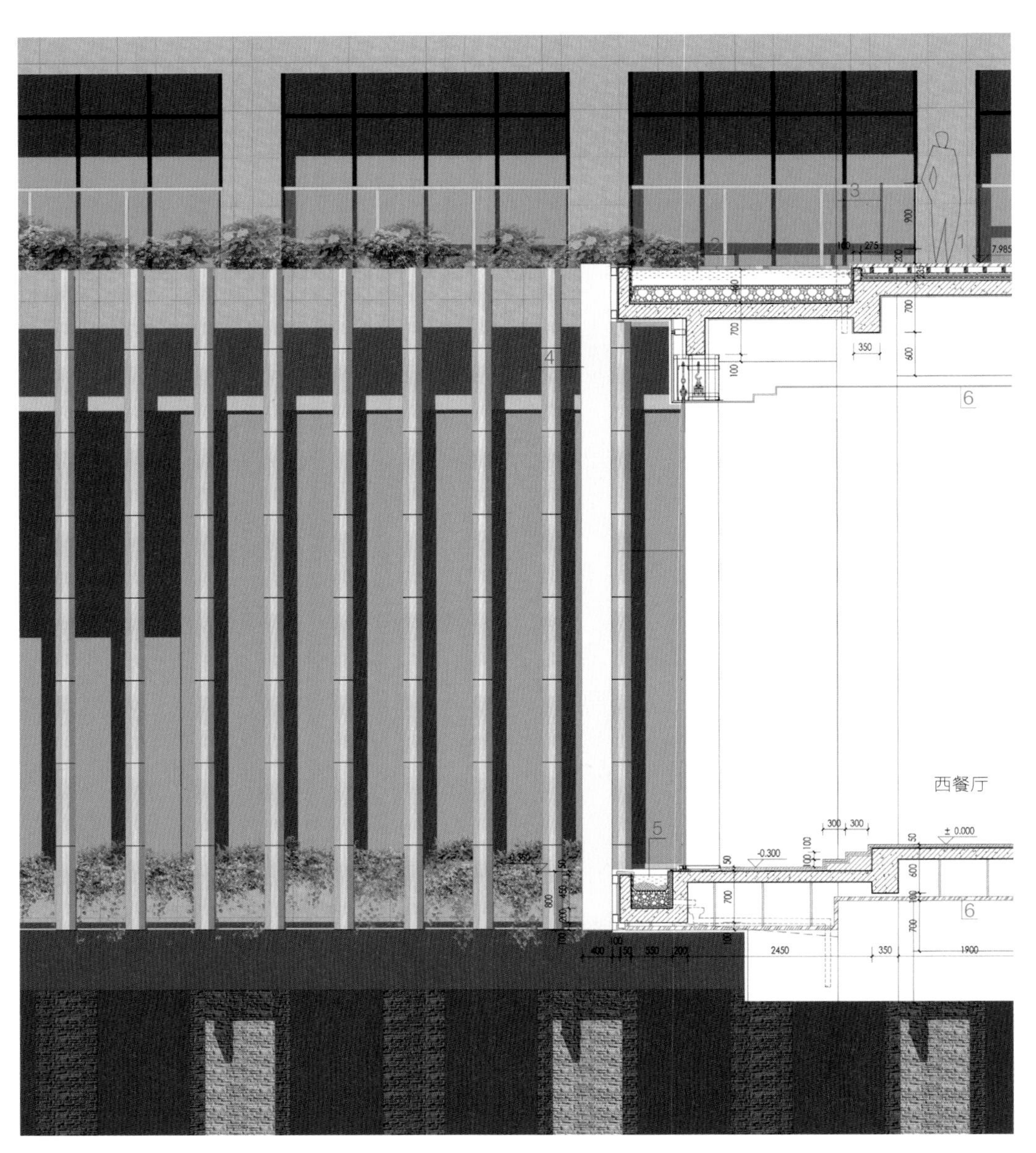

西餐厅墙身详图

1. 屋顶木平台
2. 种植屋面
3. 玻璃栏板
4. 装饰石材
5. 花池
6. 吊顶

1. 金属屋面
2. 天沟
3. 吊顶
4. 玻璃幕墙
5. 铝板喷涂
6. 木平台
7. 玻璃栏板
8. 外墙涂料

复式客房墙身详图

3. 错位转换

如何最大限度地将因借自然一直贯穿于隐秀山居设计的始终，建筑师们试图让所有宾客足不出户就能以最佳视角领略南国的自然美景，然而设计在自然景观、地形地貌、功能内容、结构技术等方面却受到了限制。

如设在一、二层的公共服务空间结构上均为大空间，而其上的客房都是小开间，设计在解决地形地界的限制与底部大跨度空间设计后，发现上部客房远眺自然的最佳角度又发生了偏差。如何解决好结构轴向体系和建筑视线方位的矛盾成为设计难点。

与环境共生的建筑

概念草图

最终，这一矛盾借助大空间与客房小空间之间层高 2.0 米的转换层等得以化解。酒店建筑上部二至六层通过夹层转换，将大柱网、大空间转化为小柱网、小空间的客房。利用墙柱合一的构造体，使客房空间更完整。在转角处形成的三角形空间，也恰好成为布置各设备管井的最佳选择。同时，利用大柱网的矩形对角线转为上部结构轴线，可将客房柱网的轴线方向偏转角度、调整远眺视野达到最佳。

建筑通过空间的一次立体交错转换和轴向旋转，使得景观、结构、设备和建筑的大小空间等衔接问题都迎刃而解。转换层的设计，已超出了单纯结构和设备的过渡意义；通过轴线角度的旋转，客房的观景视线在自然景观的最佳位置处交汇，转换层的设置也是“在地”设计过程中解决具体问题的应对策略之一。

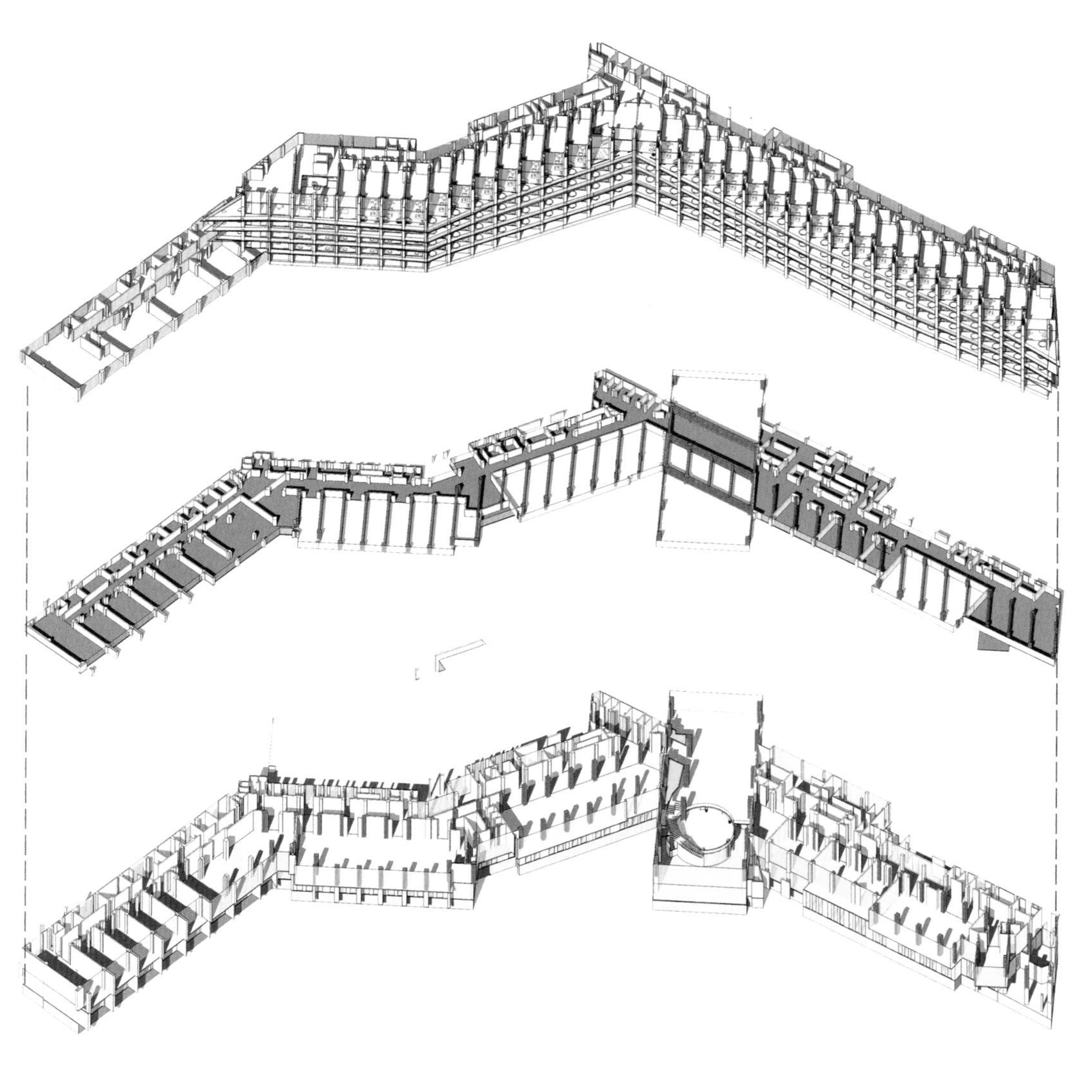

结构转换分析

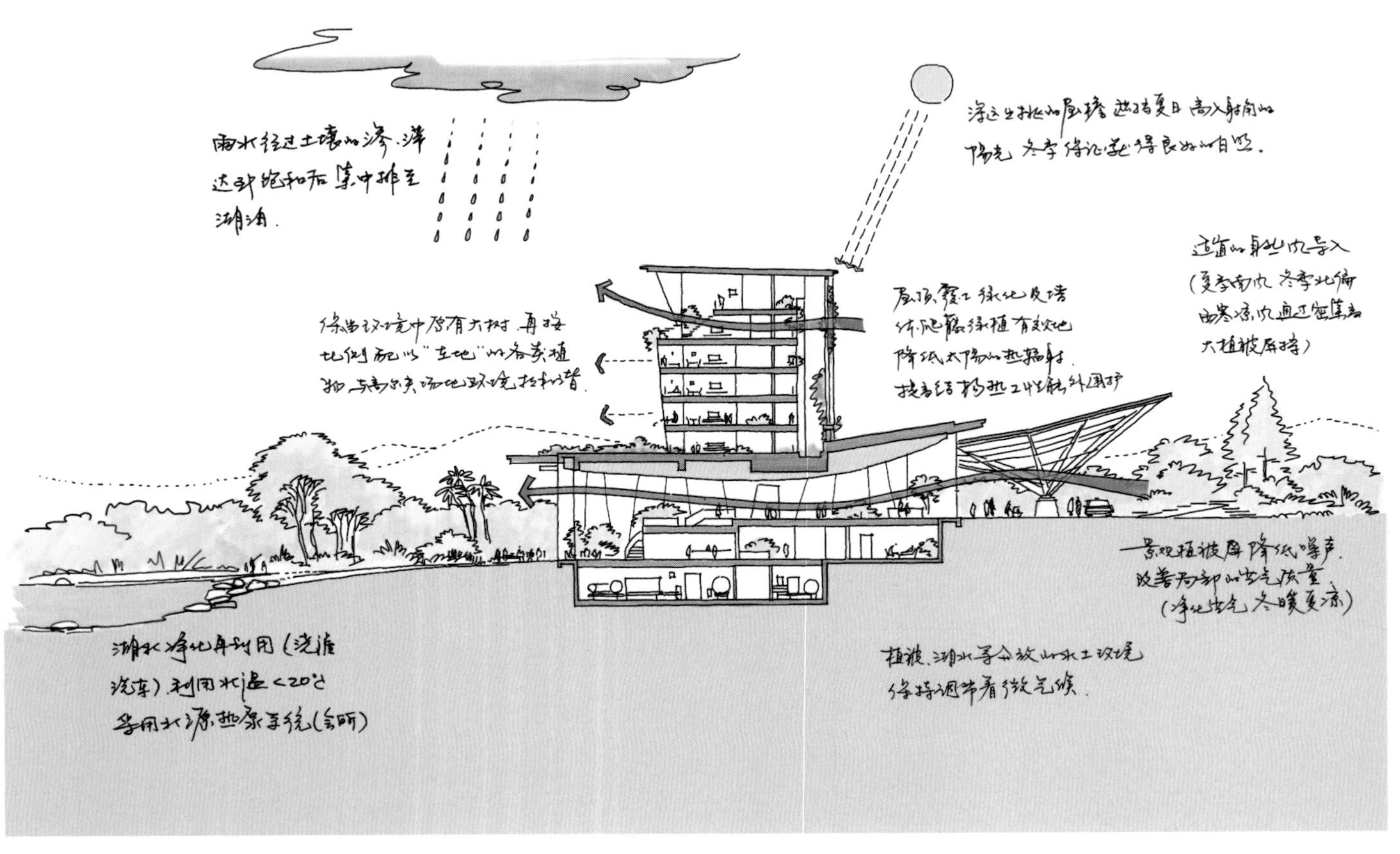

风、光、水、地自然要素的有效利用

建筑与既有环境

建筑外墙细部及材料

地下室覆土上的庭院

大堂吧外景

4. 借形就势

因地制宜，对场地条件的充分理解与尊重，是隐秀山居“在地”化设计的重要要求。

概念草图

建筑师遵守原本的自然状态，利用场地现有的高差关系，布置酒店后勤服务和娱乐空间，减少土方工程的同时，削弱了地上的建筑体量。通过一面开敞的方式，使这部分空间取得自然采光通风，并在进深较大处设置天井对此予以补充，增加了建筑内部空间趣味。

在景观视野台地开敞面布置主要的公共休闲空间。通过坡向景观的设计，将自然景观与人工景观同时引入其中，提升了建筑的地下空间品质。

在地势较高的东侧，设计将酒店后勤出入口及卸货位巧妙地设置在较为隐蔽的地下，通过场地转弯的遮掩将其隐藏在景观中；在场地西侧地势下沉处，将 ±0.00 设置在 5 米以上；南侧顺应地形改造成观演台和室外泳池，室外观演台成为高尔夫颁奖、小型演出、婚礼、聚会等户外公共活动的主要空间，满足了酒店使用的多样化需求。

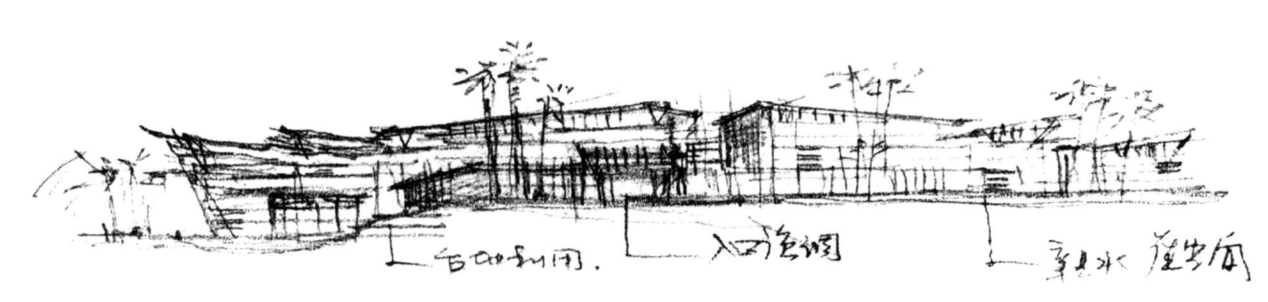
概念草图

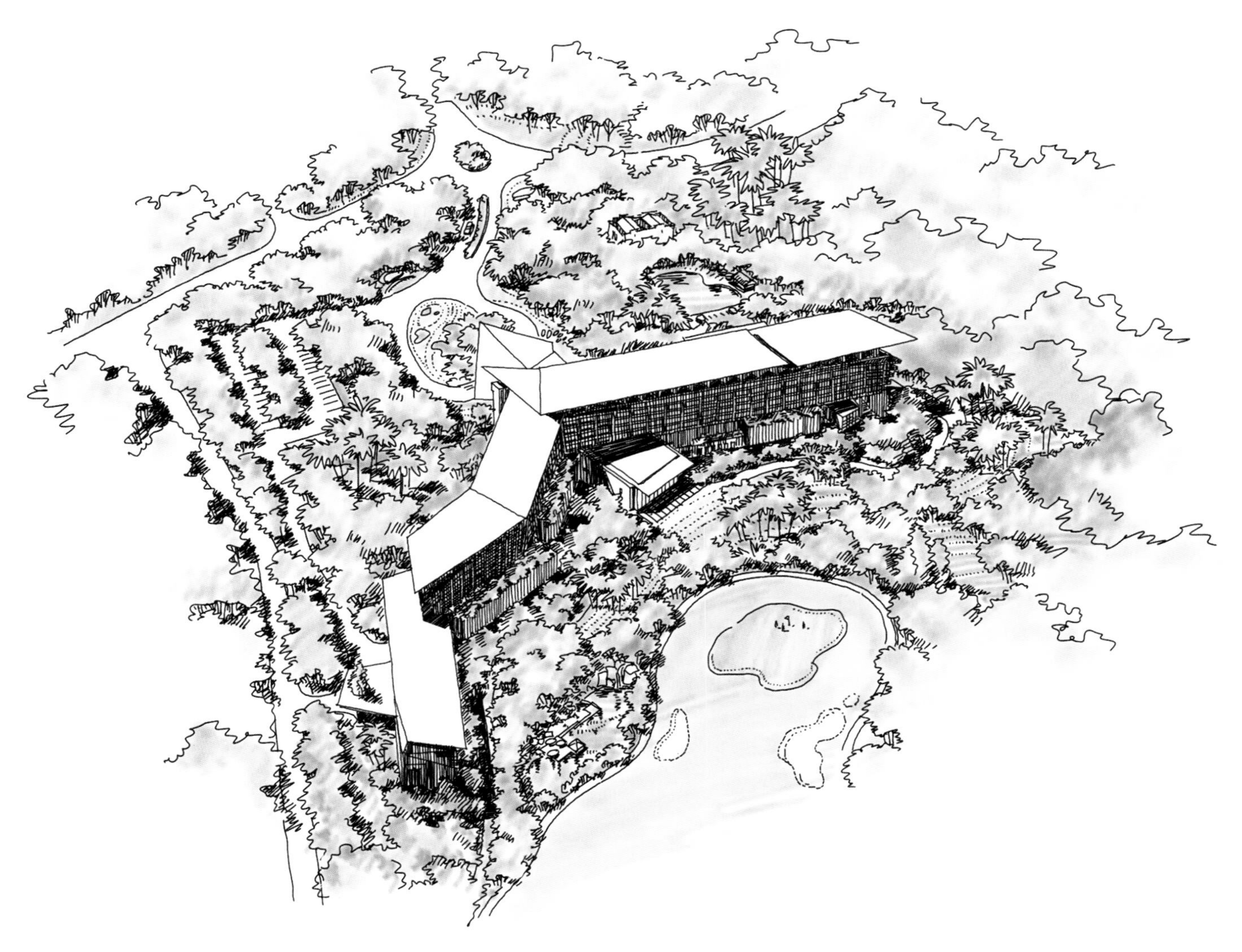

总体环境

自然环抱酒店

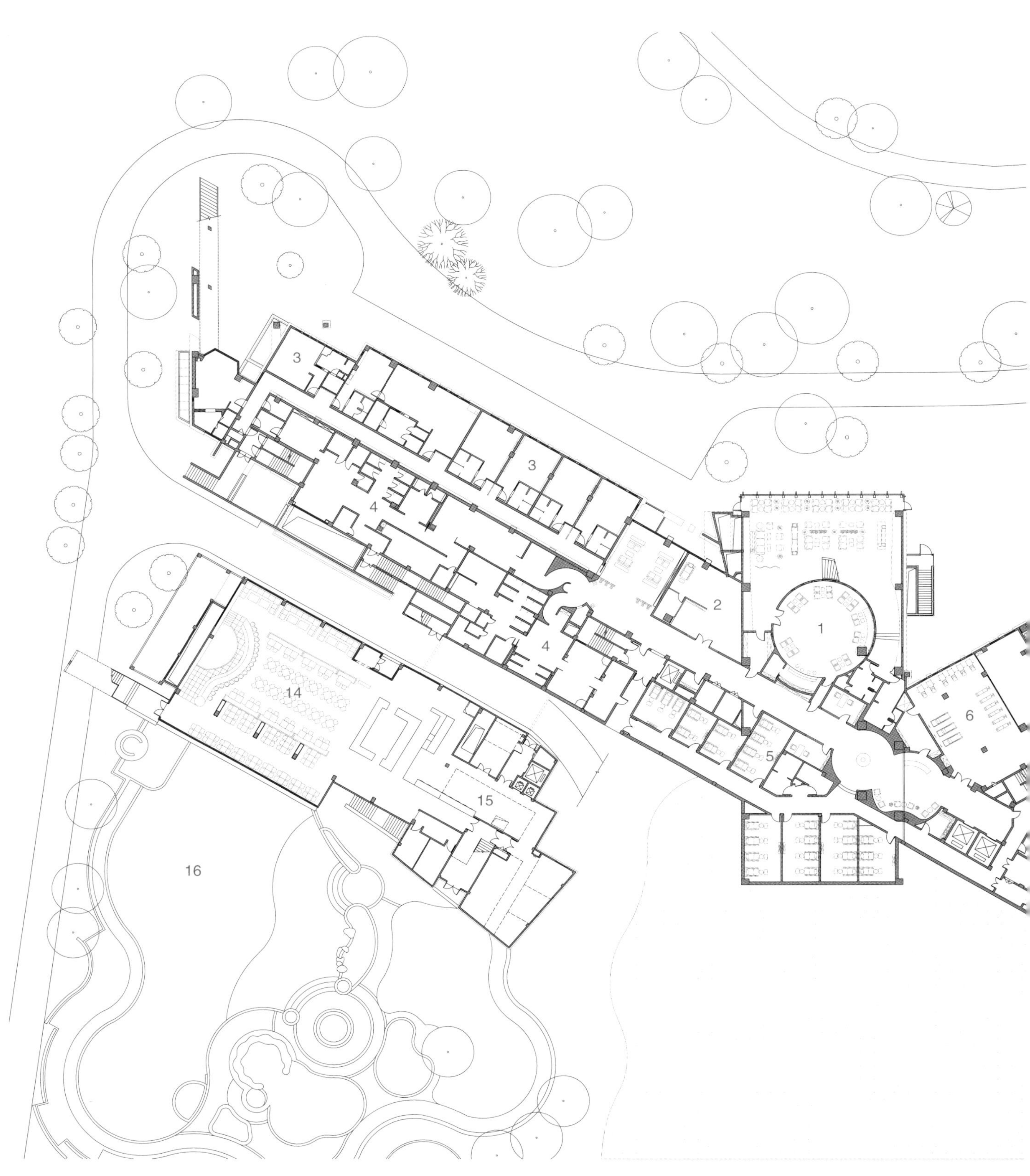

地下一层平面图

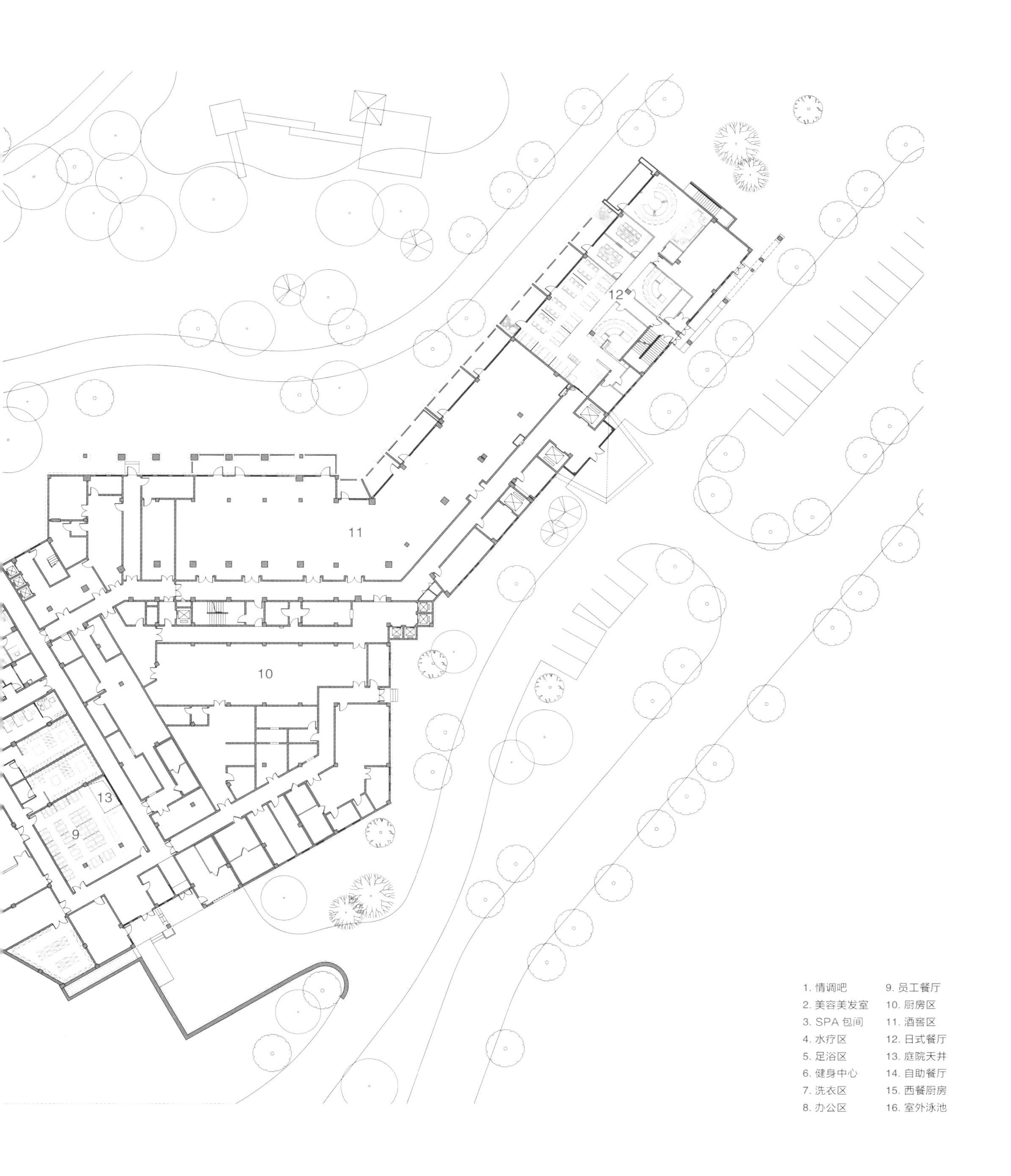
12
11
10
13
9
1. 情调吧
2. 美容美发室
3. SPA 包间
4. 水疗区
5. 足浴区
6. 健身中心
7. 洗衣区
8. 办公区
9. 员工餐厅
10. 厨房区
11. 酒窖区
12. 日式餐厅
13. 庭院天井
14. 自助餐厅
15. 西餐厨房
16. 室外泳池

夕阳余晖下的酒店

入夜的酒店

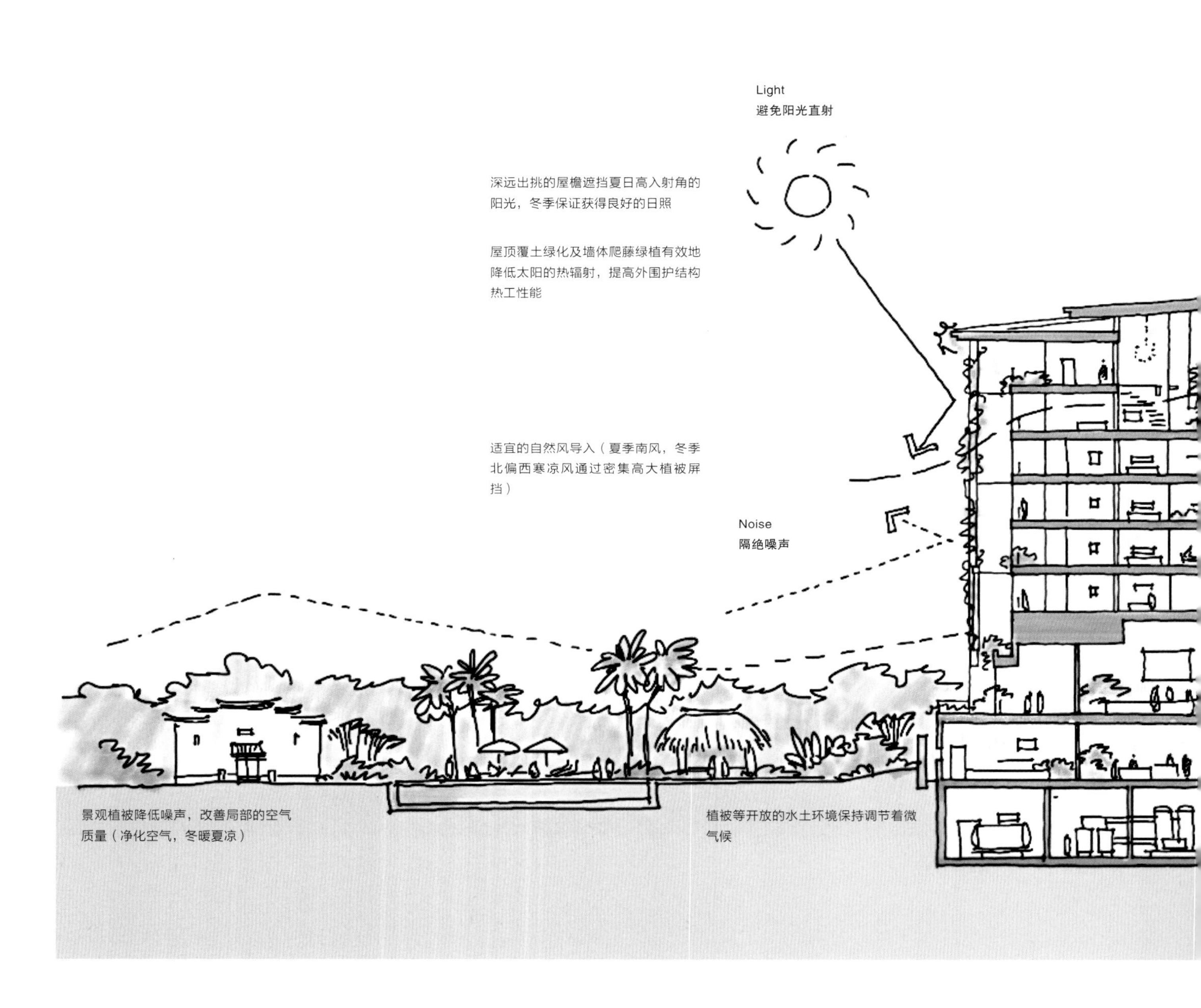
Light
避免阳光直射
深远出挑的屋檐遮挡夏日高入射角的阳光，冬季保证获得良好的日照
屋顶覆土绿化及墙体爬藤绿植有效地降低太阳的热辐射，提高外围护结构热工性能
适宜的自然风导入（夏季南风，冬季北偏西寒凉风通过密集高大植被屏挡）
Noise
隔绝噪声
景观植被降低噪声，改善局部的空气质量（净化空气，冬暖夏凉）
植被等开放的水土环境保持调节着微气候

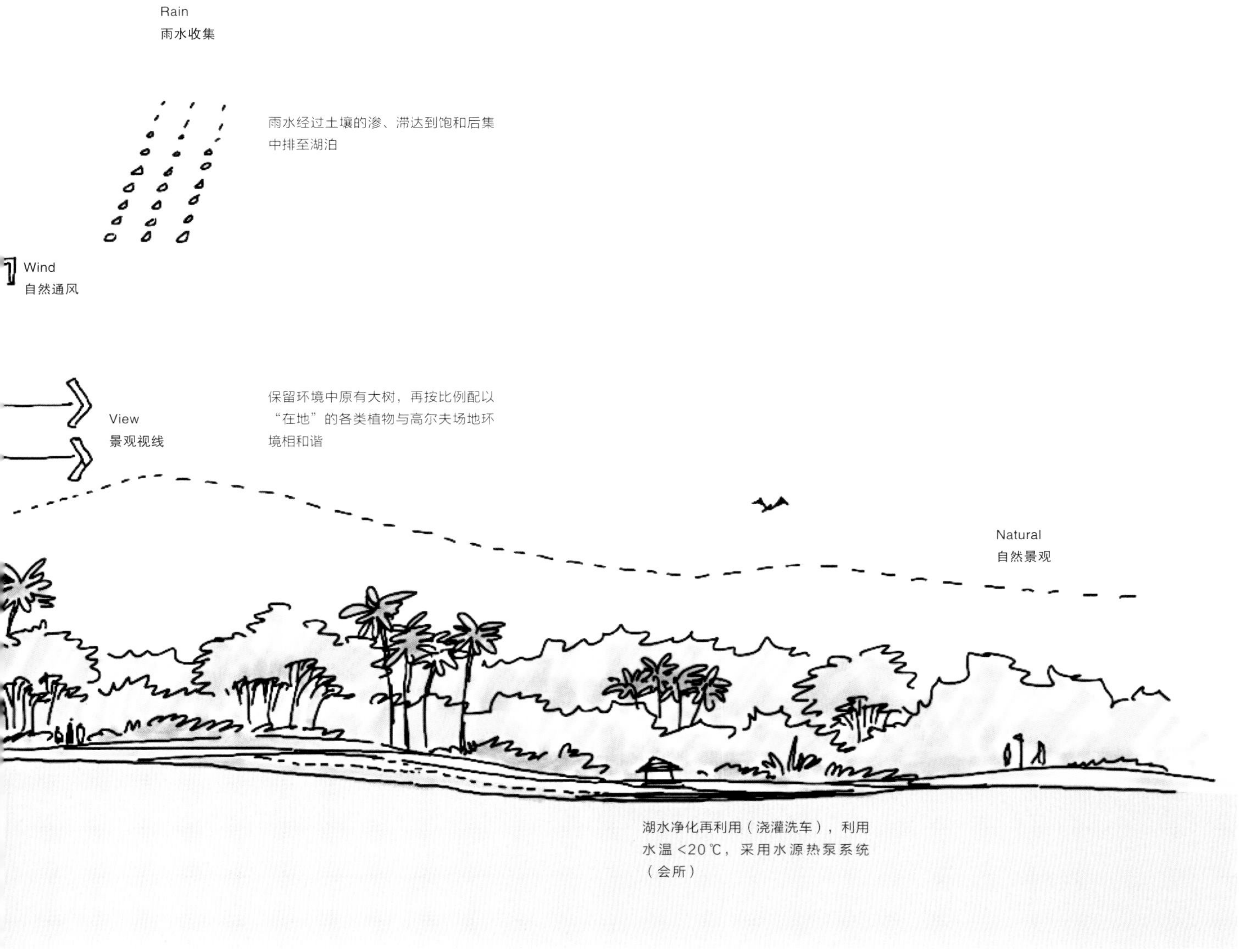

Rain
雨水收集

雨水经过土壤的渗、滞达到饱和后集中排至湖泊

Wind
自然通风

View
景观视线

保留环境中原有大树，再按比例配以“在地”的各类植物与高尔夫场地环境相和谐

Natural
自然景观

湖水净化再利用（浇灌洗车），利用水温 <20℃，采用水源热泵系统（会所）

自然资源的利用

5. 可生长的建筑

时间维度是"在地"设计中不可忽略的要素。建筑在整个生命周期内，功能布局、空间使用和周边环境都有可能发生变化。隐秀山居在规划之初，就考虑到方案应有的弹性，为建筑的可持续生长"留白"。在布局中我们将西侧与南侧划为预留发展用地，随着休闲度假的普及，新的休闲方式不断涌现，隐秀山居原有的配套已不能满足发展的需求，于是在前期的预留用地上加建了隐秀厅。

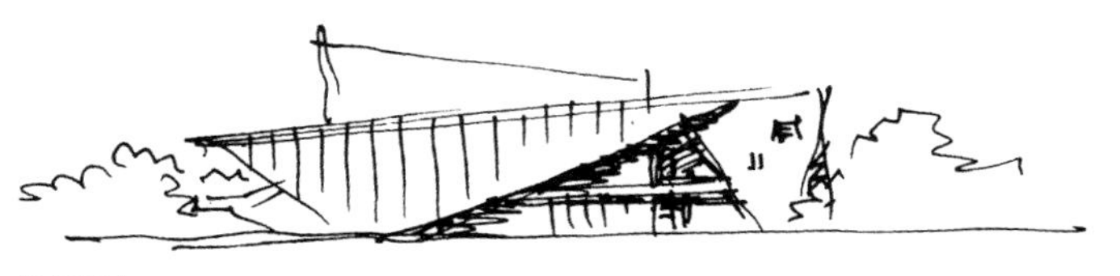

概念草图

隐秀厅，位于地下室内泳池的上部。由于用地较为紧张，原有主体建筑的柱网对新建建筑的空间格局和规模有一定限制。设计采用了上大下小的"V"形钢框架结构，使空间呈倒梯形，突破了建筑跨度的限制，扩大了功能空间。外廊使用了灰空间的处理手法，延续了建筑几何形体的折面元素，利用大空间挑高，将三个转折面在灰空间里同时消隐掉。南侧临近泳池的大片披檐设计，既与酒店主体格调统一，又独具个性。动感三角形斜面延伸至水面，形成室外聚餐的活动空间。隐秀厅采用了大面积的落地窗，结合开朗明快的布局形式，多样的立面，使得室内外空间穿插渗透，内外流通，步移景异。

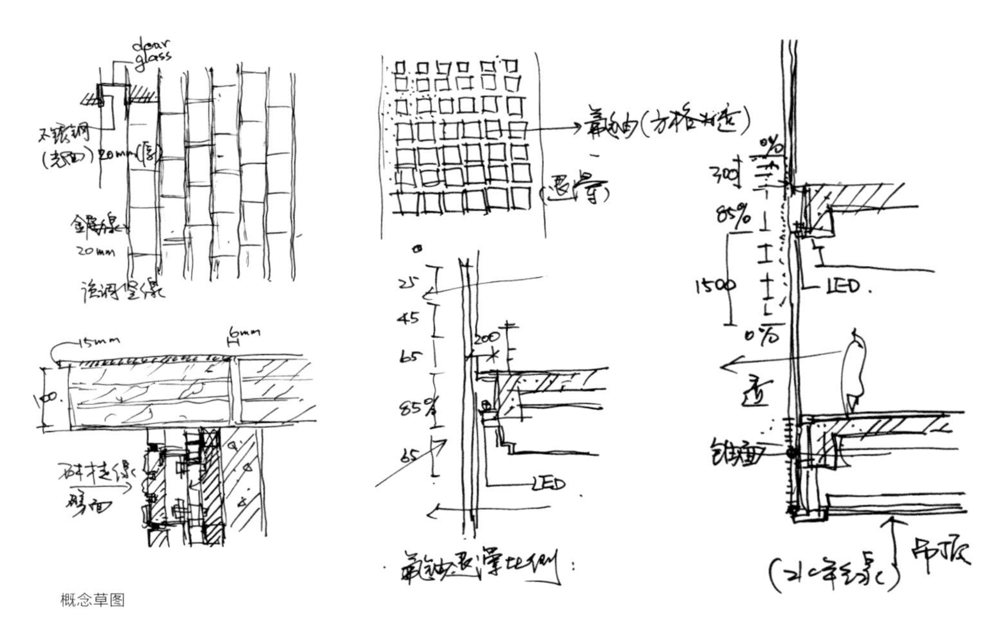

概念草图

加建的隐秀厅与原有建筑

入夜的隐秀厅

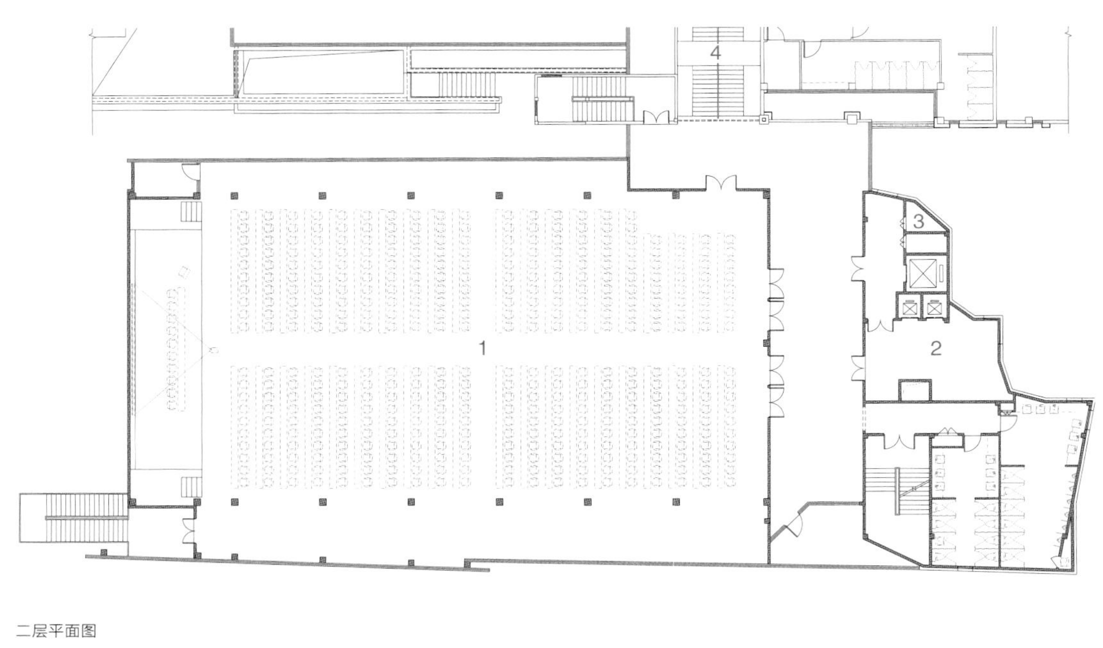

二层平面图

1. 多功能厅
2. 备餐室
3. 设备用房
4. 酒店区

一层平面图

1. 自助餐厅
2. 舞台
3. 明档
4. 精加工区
5. 高温冷库
6. 热厨区
7. 西餐厨房
8. 室外泳池
9. 酒店区

从室外泳池看隐秀厅

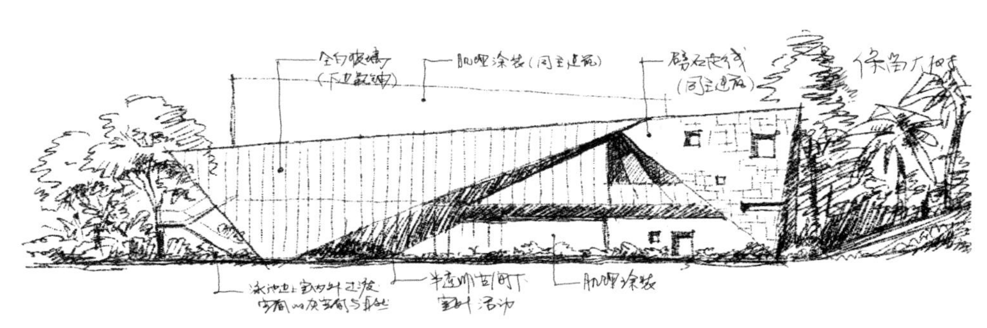

隐秀厅概念

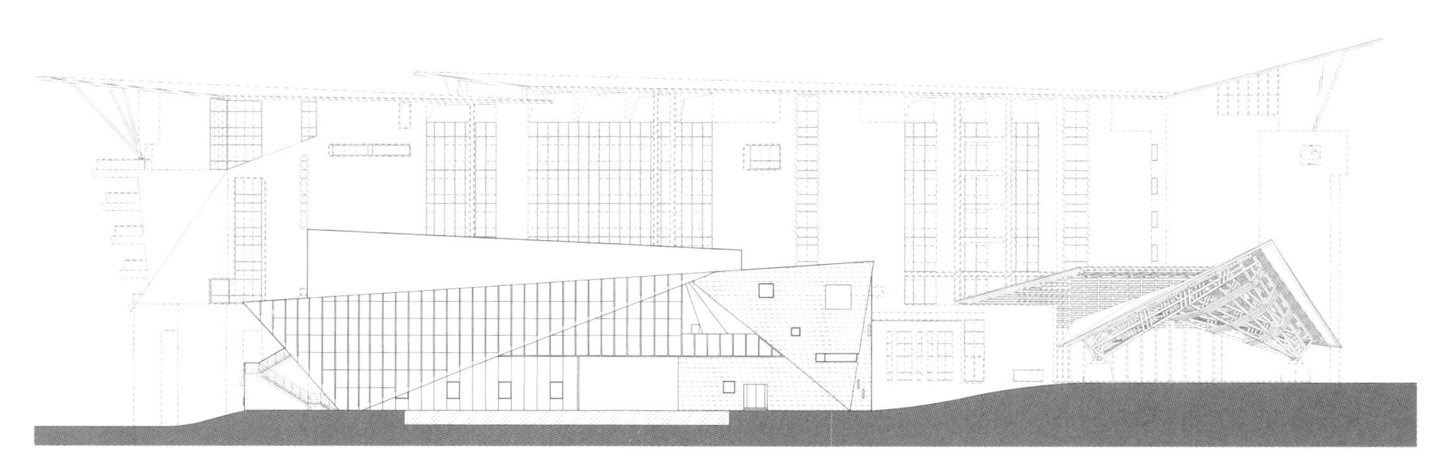
隐秀厅立面图

隐秀厅一角

隐秀厅西南角

餐厅内、外的交融

隐秀厅局部

自助餐厅

餐厅入口

从隐秀厅通往酒店的过渡空间

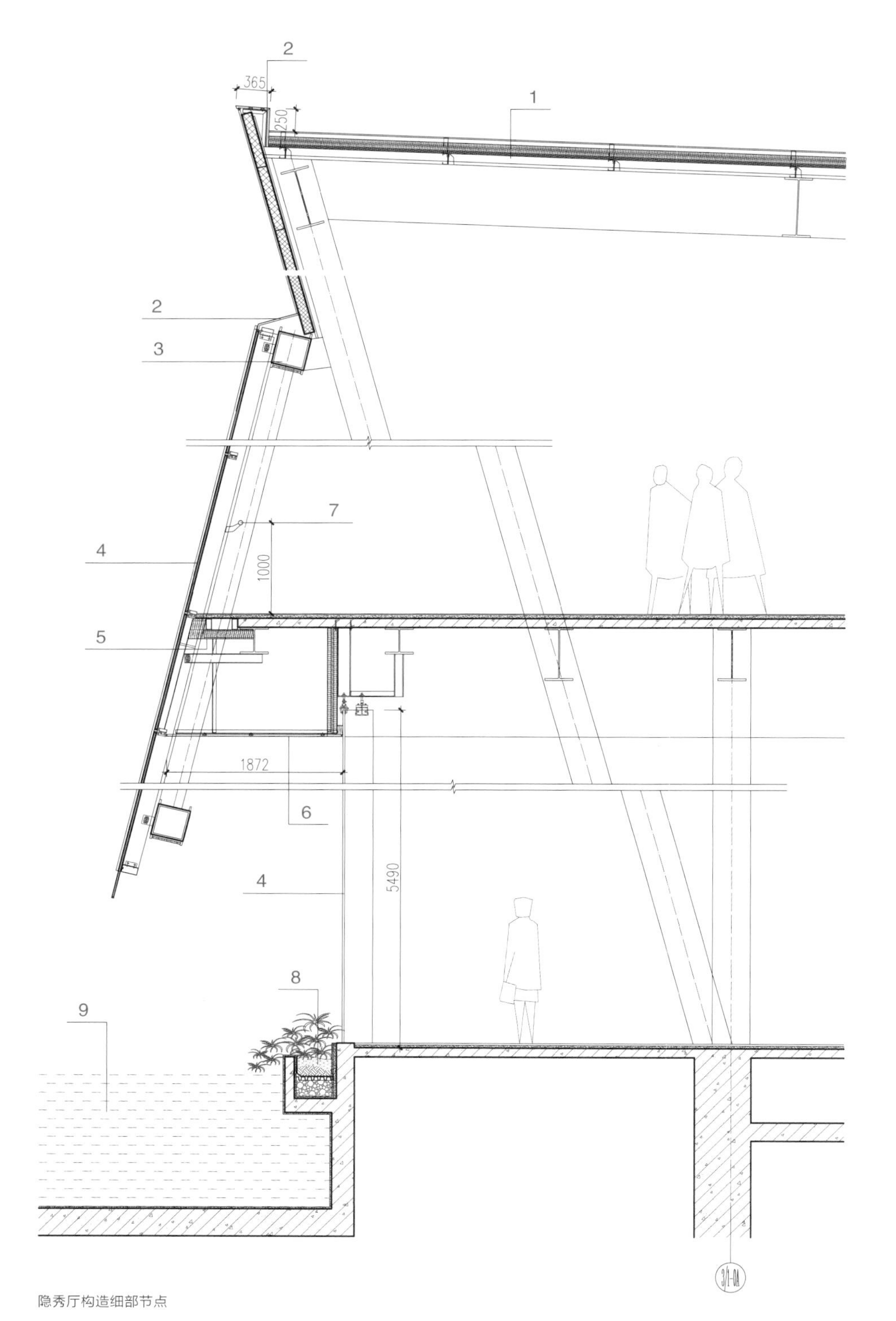

隐秀厅构造细部节点

1. 0.9 厚原色锤纹直立锁边铝合金屋面板
   130 厚保温岩棉
   隔汽层
   ≥ 0.7 厚压型钢板屋面底板，截面高度 ≤ 30 钢檩条系统
2. 3 厚铝单板氟碳喷涂
3. 幕墙结构梁
4. 玻璃幕墙
5. 1.5 厚镀锌钢板
6. 铝板吊顶
7. 护窗栏杆
8. 花池
9. 室外游泳池

多变的光环境营造出多功能厅不同使用要求的空间氛围

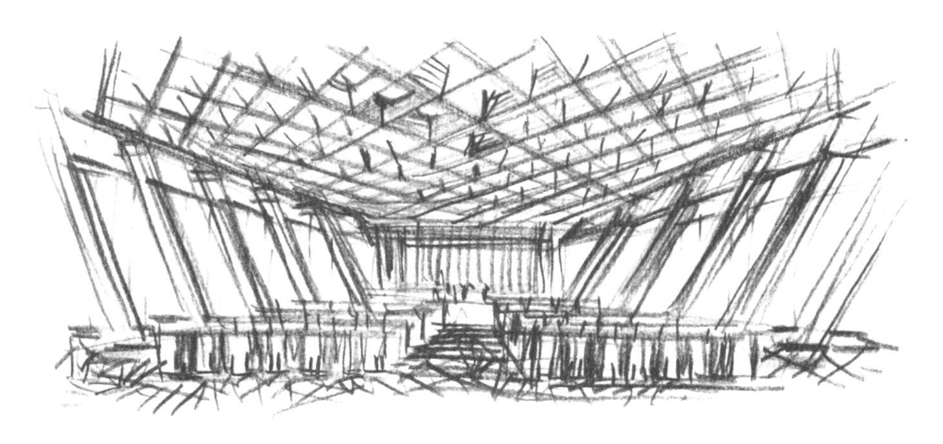

概念草图

6. 风土传承

岭南传统民居是岭南历史文化的见证与载体，快速的城市化进程正加速它的消失，由此造成的文脉与记忆割裂令人心痛。如何保护文化、引入场所、展现历史，是我们在酒店设计中一直思考的问题。

正当我们在两广地区寻找待拆老宅未果时，听闻在江西婺源有一处清代老宅因城市建设而面临拆除。老宅建于清嘉庆年间（约 1797 年），距今已有 200 多年的历史，是一栋典型的前庭后院、砖壁黛瓦的徽派民宅。

当初我们也十分犹豫，将徽派老宅植入到文化特色鲜明的深圳是否得当。在近代，岭南得风气之先，成为文化交流的重要桥梁，多种文化交织成绚丽多彩的画面，孕育产生了骑楼、碉楼等独具地方特色的建筑风貌。在这样的背景下，徽派老宅的植入也暗合了岭南文化开放多元、兼收并蓄的特点，形成了传统与现代的鲜明对照，是异域文化与“在地”的嫁接、交织与碰撞。

江南文化的“在地”碰撞

徽派老宅的迁入是我们对非建筑遗产保护所做的一个尝试，也期望这样的方式能呼吁更多人关注地域文化，关注那些正在消失的没有列入保护对象的物质遗产。最终，老宅植入了酒店西侧的绿荫翠林中，幽深的天井、精致的雕刻、富有特色的马头墙和小青瓦等古朴典雅、幽闭静谧，与酒店遥相呼应。

立面概念草图

老宅外观

老宅山墙外观

老宅内景

老宅内景细部

老宅外观细部

岭南建筑以灵活自由的平面、开敞通透的空间、淡雅明朗的色彩、融于自然的环境呈现在南国大地上，深受人们喜爱。其形体通透虚灵、轻巧明快、千姿百态；内外空间穿插渗透、障隔框借、开合变化；布局、装饰自由自然、丰富多彩。

隐秀山居的室内设计延续了岭南建筑开放、多元、包容的特点，与其建筑设计在理念上一脉相承，在空间与视觉上最大限度地利用环境资源。室内设计以“在地”为主题，素雅、简练、自然，注重实用细节与人文关怀，并以融合自然为目标，进行绿化、水体、界面、材料及艺术品的设计组合。

7. 素雅的基调

室内设计整体感强，色调素雅沉稳、错落有致，以传统低调的黑白灰为基调，在装饰涂料内中填入了黑色，形成了灰色、灰咖色、浅灰等，丰富了色彩层次。大片的实墙采用了浅色石材贴面，夹着通透的玻璃幕墙，既根植于大地，又显得轻盈欲飞，大片的玻璃映射出周边的自然环境，在黑、白之间多了灰的过渡，使玻璃幕墙和大片实墙达到和谐一致，细部变化统一于黑、白、灰的审美意境之中，暗合了岭南传统建筑与自然互融相属的基调。

酒店大堂顶部延用室外入口雨篷的几何木构吊顶，通过分形几何构成顶界面，清新淡雅，含蓄内敛，配以灰木纹大理石的地面，呈现出古朴简约的韵味。

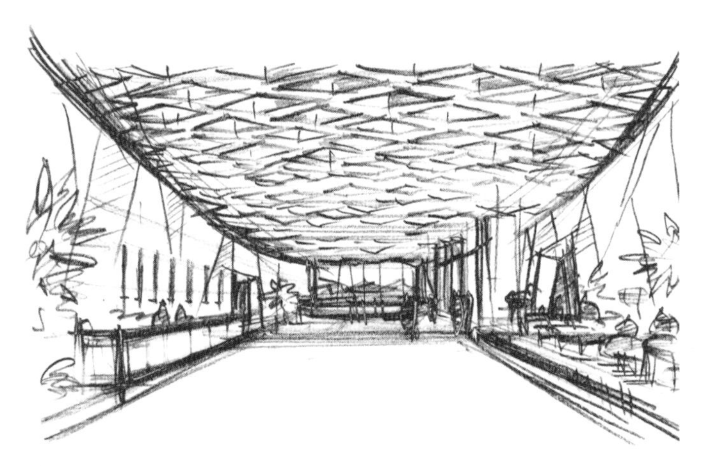

概念草图

光影的流动赋予了室内空间生命力，光的照度、色温表现方式都会给空间营造出不同的性格和氛围。酒店室内以自然采光为主，天然光生动、自然、明亮，且环保节能，还可通过玻璃及门窗开口投射出奇特的光影效果。人工照明系统配合室内黑白灰的设计格调，以暖色调作为补充，同时使空间更富于变化。

根据酒店不同空间与功能，采用局部、混合等多种照明方式相间变换，通过程控配合不同的情景，营造不同的空间效果。无论是粗糙的原石、柔和的木质、流动的水体、光净的玻璃，还是墙上悬挂的水墨画、木雕艺术，在人工照明的映射下，愈加焕发出梦幻迷离、自然涌动的地域韵味。

从木构入口看大堂

大堂吧看室外

从餐饮公共区域看大堂

咖啡厅

概念草图

材料细部

材料与细部

在地的“珍珠绿”石材与大地色肌理表皮构成的外墙

8. 流动的空间

隐秀山居的室内强调内外空间的延续性，通过空间的渗透、穿插，将室外空间引入室内，或将室内空间扩展到室外。

酒店建筑体型简练，形体的曲折、错落变化丰富了室内外空间层次。从室外雨篷到大堂、大堂吧，再到高尔夫球场，通高透明的玻璃幕墙串联起室外空间形成了一条景观轴线，温暖的阳光透过玻璃幕墙泻入室内，蓝天白云、花草树木统统纳入大堂中，空间高朗，视野通透。

此外，室内外延伸出许多灰空间成为宾客纳凉、交流、亲子的活动空间，也是宾客与自然亲近的“在地”场所。

下沉的大堂吧结合外部的自然风光，扩展了大堂的景观视野。圆形跌落式双层设计巧妙利用了地形的高差，借景的手法让大堂空间更加丰富，柔和的曲线线条充满了岭南地域的柔美；沿圆形楼梯一侧墙面镶嵌的透光琉璃，隐约闪烁，增添了几分时尚与灵动。

大堂东侧的休闲区，侧墙上根据人体休闲坐姿的视线高度留出了框景，流水回荡击打出的缓慢节拍，让人的心情也随之平静舒缓。走廊虚实间隔的墙体将室外景观引入走廊内，暗处装点木雕、画框，明处引入自然山水，明暗之间平添了路径的情调行走其中，步移景异，妙趣横生。

概念草图

酒店大堂

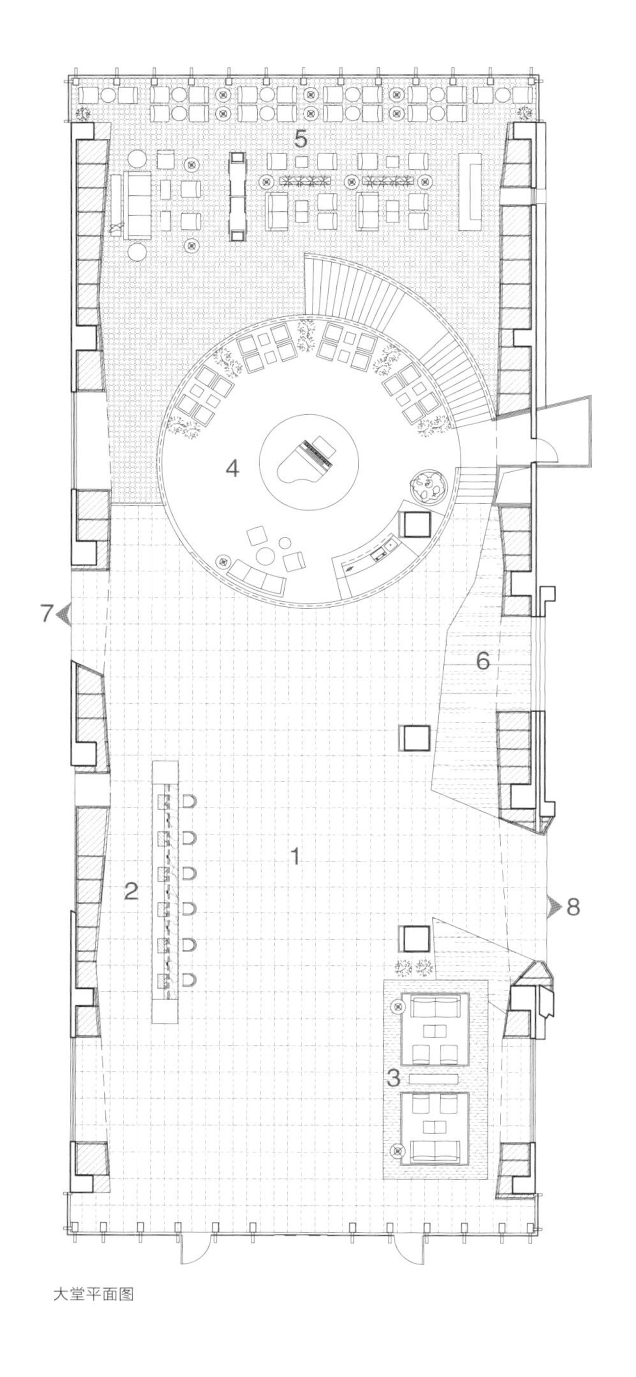

大堂平面图

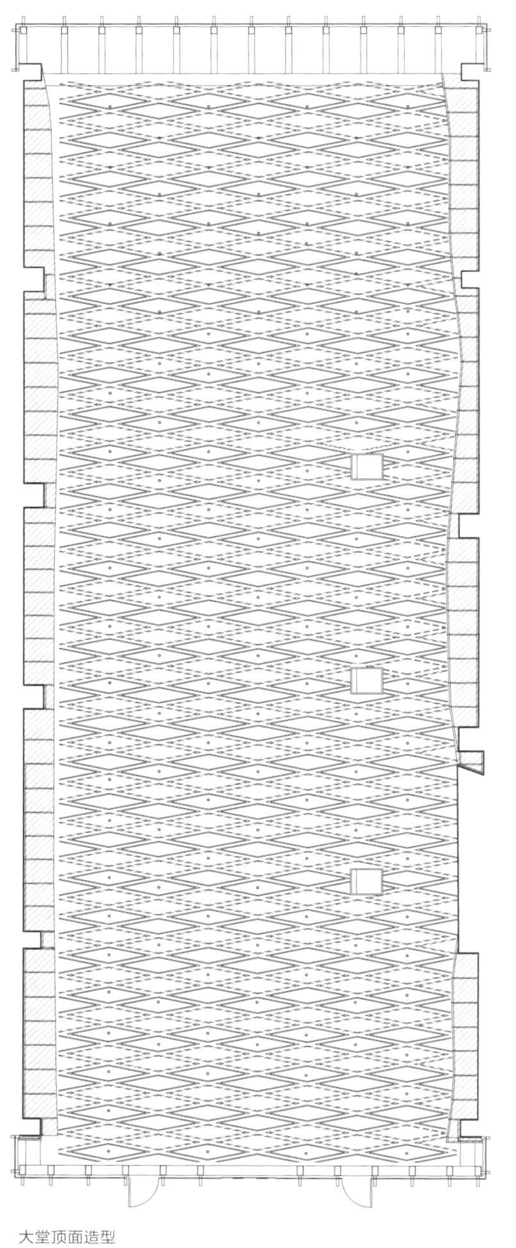

大堂顶面造型

1. 接待大堂
2. 总接待台
3. 休息等候区
4. 大堂吧
5. 景观休闲区
6. 水景区
7. 通往会议区、隐秀厅
8. 通往餐区

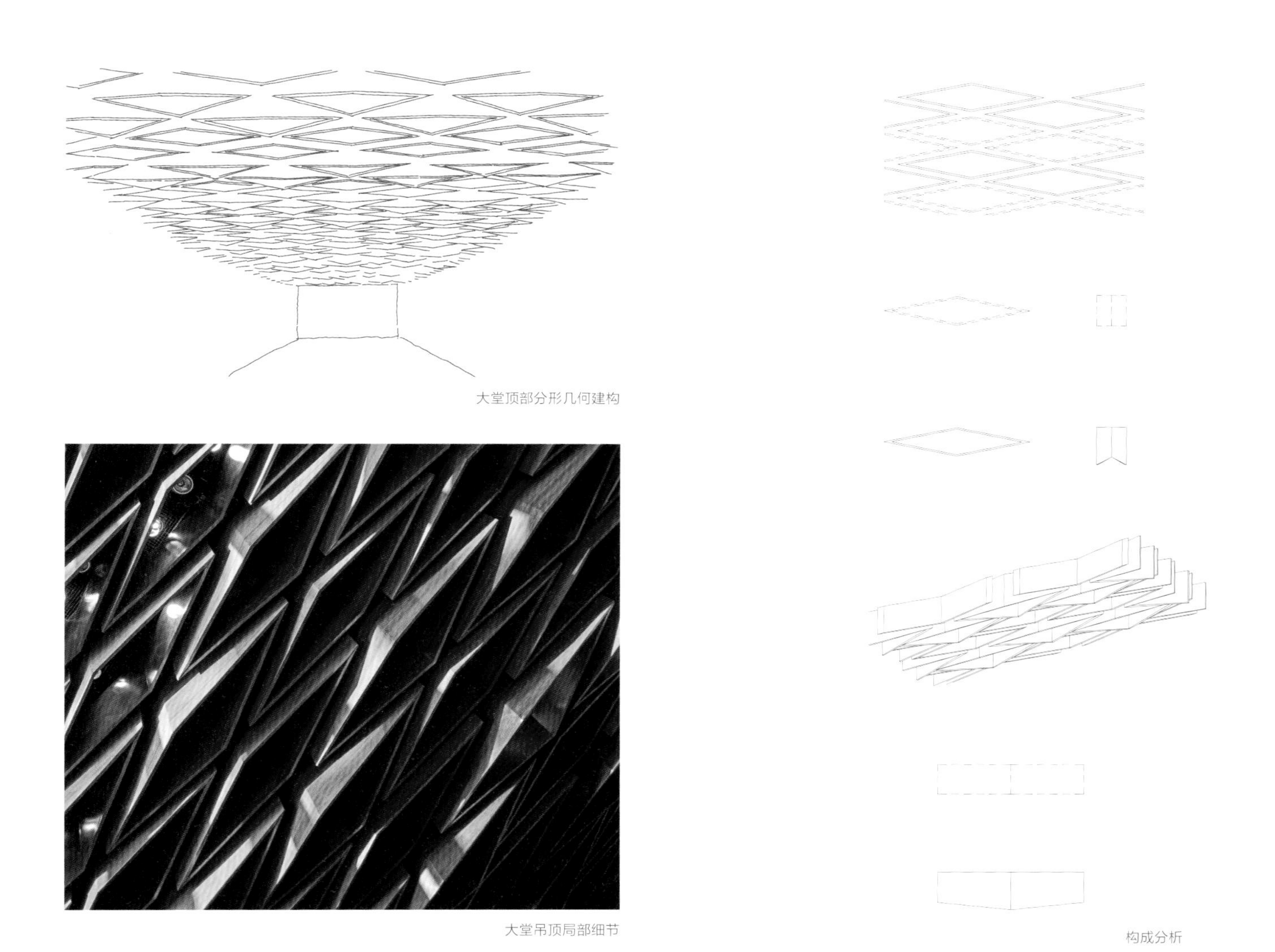

大堂顶部分形几何建构

大堂吊顶局部细节

构成分析

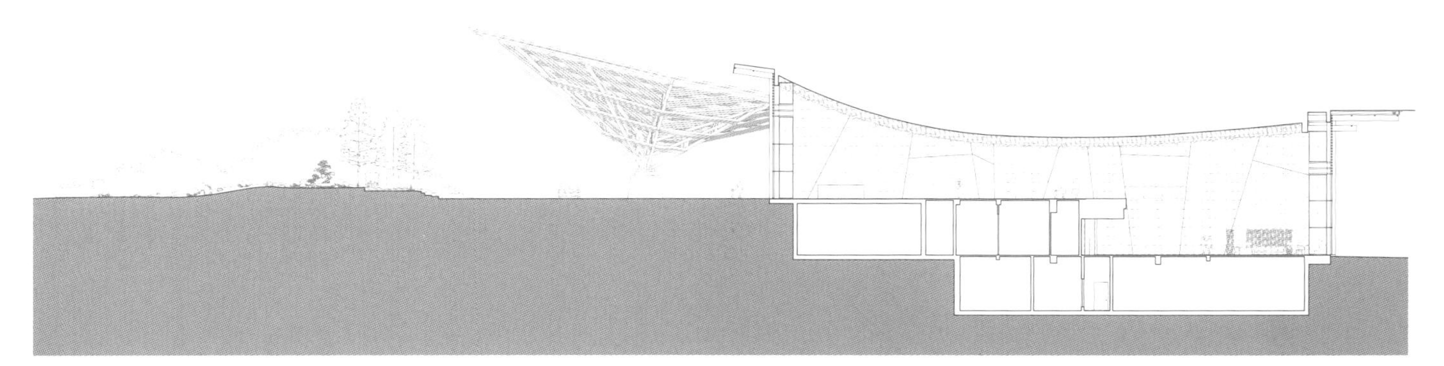

大堂纵向剖立面图

从大堂看球场

大堂局部

全日餐厅空间轻松自由、通透灵动，餐厅一侧以通高的玻璃酒柜分而不闭地分隔餐厅和走廊，活跃了视野氛围，延伸拓宽了空间层次，从走廊向远处眺望，透过餐厅便能领略大自然的魅力，实现两者多维度的视觉交流。餐厅另一侧采用完全开放的大幅落地玻璃窗，昼间阳光充足，宾客进门，便将依山傍水的高尔夫球场尽收眼底，绿草茵茵，生机盎然，随着光照移动、阴晴变化，窗外景色好似一幅变幻莫测的风景画，宾客可一边享用美食一边坐拥岭南美景。

大桥日本料理店开放流动的设计，以片墙、障子、隔断、酒柜、家具等元素使空间分而不隔，动静穿插，虚实交错间实现渗透流动。多功能厅充分利用游泳池的亲水优势，临水而建，大幅落地玻璃使得空间通透，室内外互为景观。室外餐饮平台和露台向外自然延伸，流转有致。

位于半地下的康体娱乐空间通过天井将自然的风和光导入其中。开窗形式多样，或开敞，或私密，将室外的景观充分引入室内，使地下咫尺空间得以扩展延伸。SPA 芳疗室的落地窗面向高尔夫球场开敞，整个空间掩映在一片苍翠之中。宾客可伴着空气中弥漫着的精油及新鲜花瓣的香芬气息，浸浴在水光浮动的氤氲世界中。

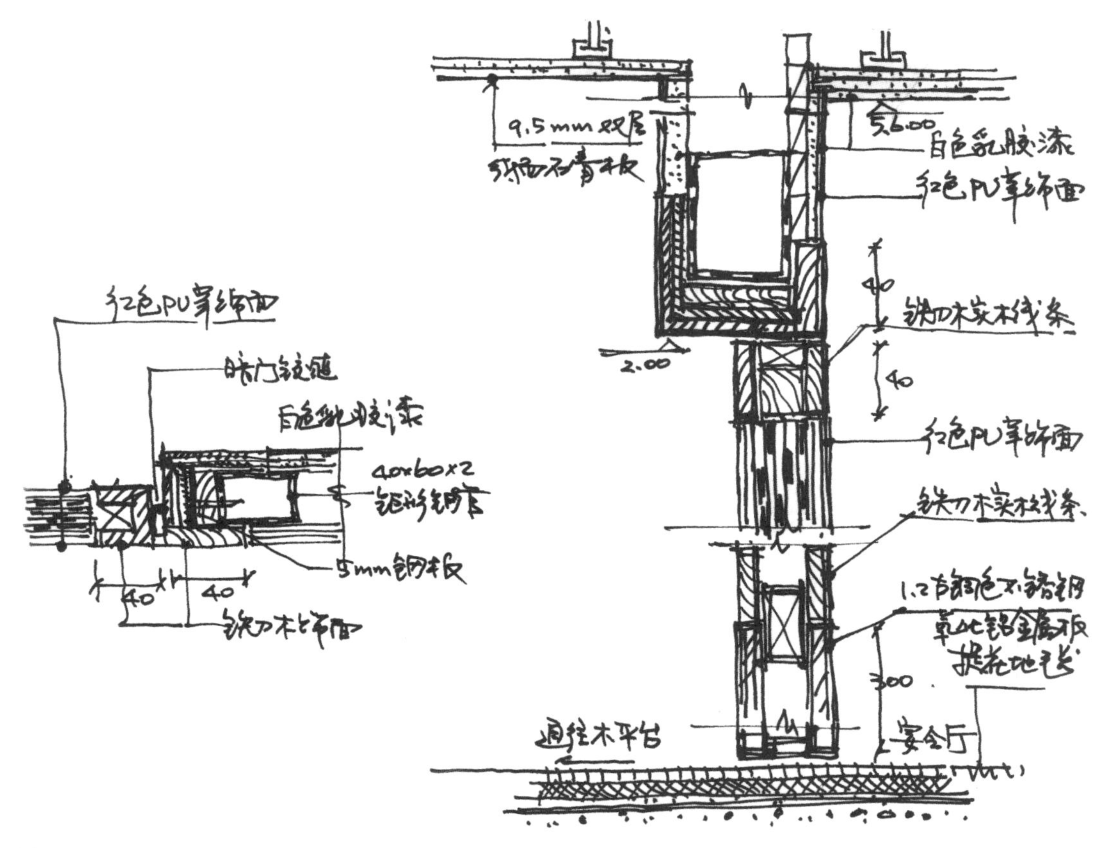

宴会厅墙身构造

西餐厅走廊

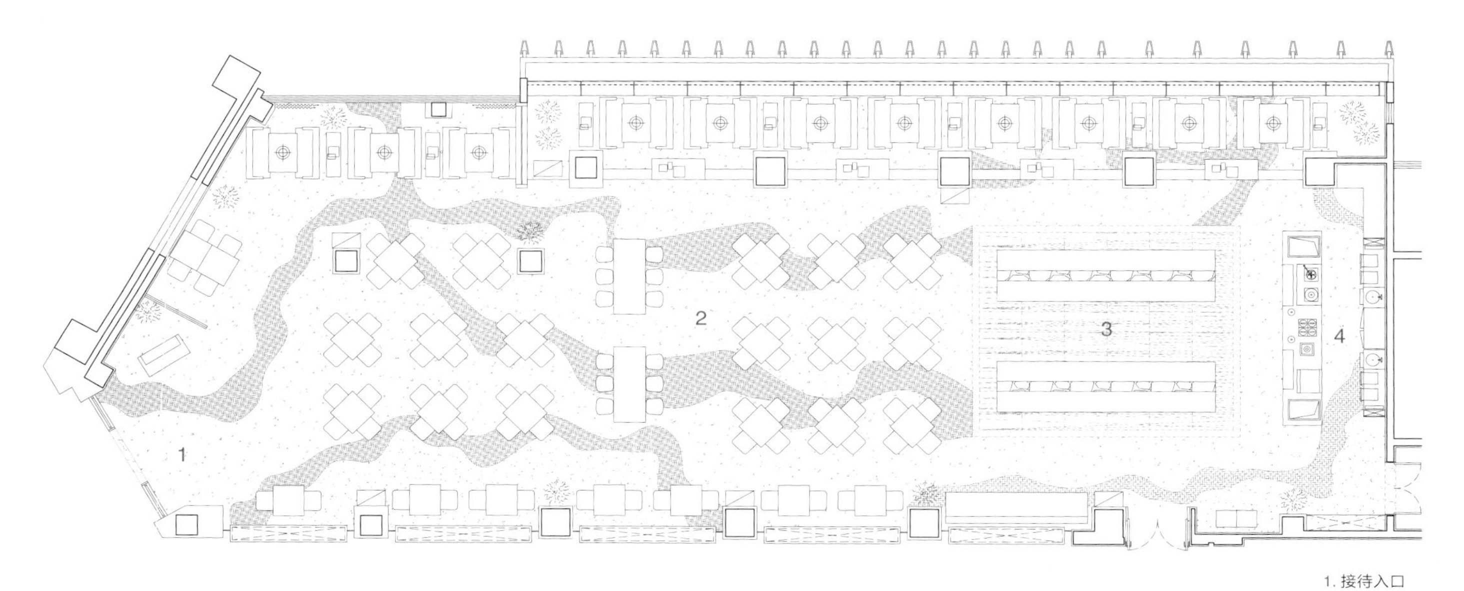

西餐厅平面图

1. 接待入口
2. 散座区
3. 自助餐台区
4. 水吧区

西餐厅

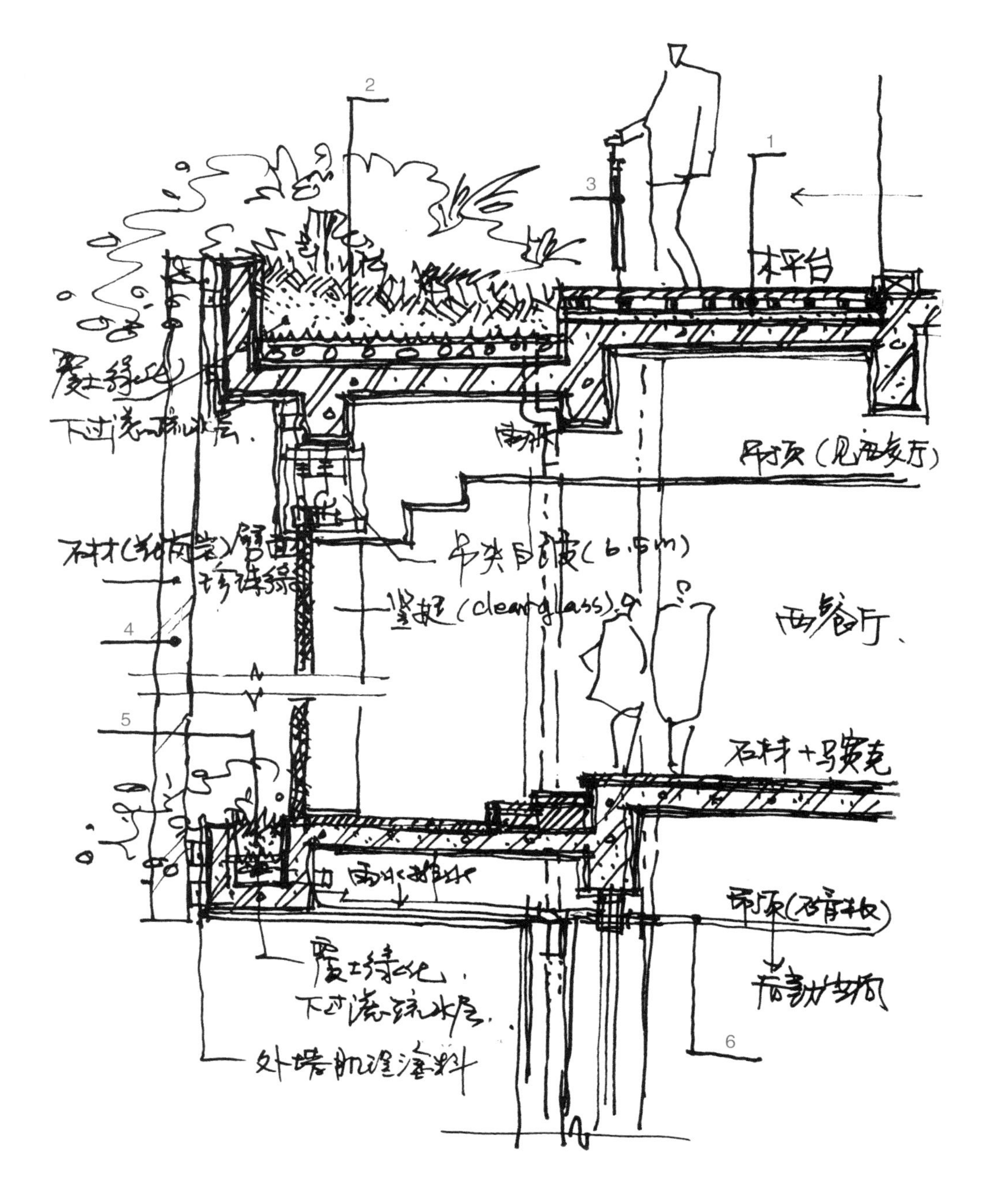

1. 150×30 塑木地板
   50×50 木龙骨 @500，表面刷防腐剂
   C20 细石混凝土找坡，最薄处 30 厚
   25 厚挤塑聚苯板保温层（阻燃型）
   3 厚自粘性聚合物改性沥青防水卷材
   2 厚环保型聚氨酯防水涂膜
   20 厚 1 ： 2.5 水泥砂浆找平层
   钢筋混凝土屋面板
2. 300 厚种植土
   ≥ 200g/ ㎡无纺布过滤层
   HDPE 塑料板排水层
   40 厚 C20 细石混凝土保护层
   耐根穿刺复合防水层
   3 厚自粘性聚合物改性沥青防水卷材
   20 厚 1 ： 3 水泥砂浆找平层
   最薄处 30 厚 LC5.0 轻集料混凝土 2% 找坡层
   25 厚挤塑聚苯板保温层（阻燃型）
   钢筋混凝土屋面板
3. 双层夹胶玻璃栏板，上下方钢卡槽固定
4. 装饰石材
5. 300 厚种植土
   ≥ 200g/ ㎡无纺布过滤层
   HDPE 塑料板排水层
   40 厚 C20 细石混凝土保护层
   耐根穿刺复合防水层
   3 厚自粘性聚合物改性沥青防水卷材
   20 厚 1 ： 3 水泥砂浆找平层
   最薄处 30 厚 LC5.0 轻集料混凝土 2% 找坡层
   钢筋混凝土板
6. 吊顶

西餐厅外檐

西餐厅

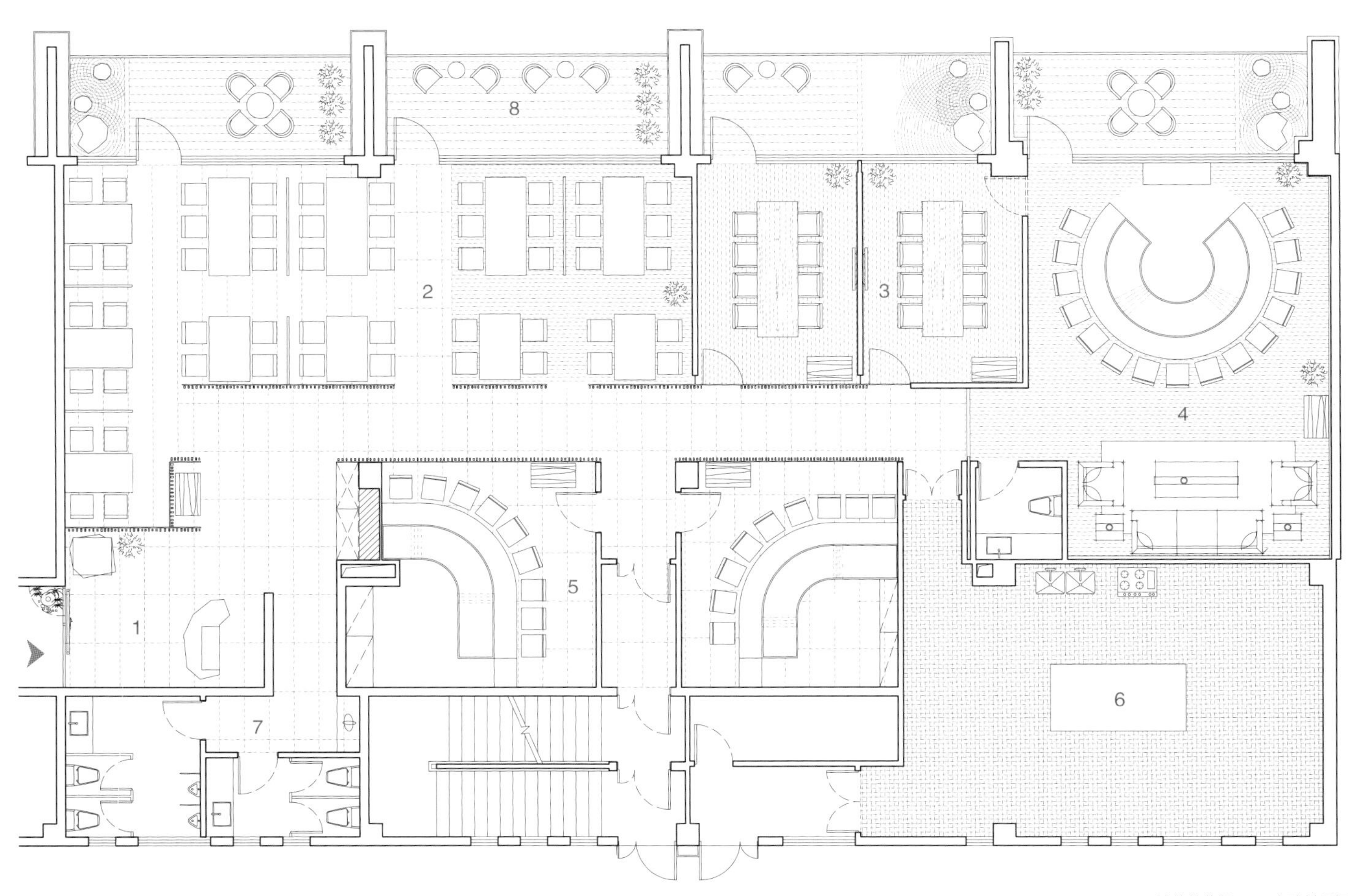

大桥日本料理餐厅平面图

1. 接待兼收银
2. 散座区
3. 普通包间
4. 豪华包间
5. 自助料理间
6. 厨房区
7. 卫生间
8. 景观休闲平台

大桥日本料理餐厅

中餐厅包间

从中餐厅看室外景观

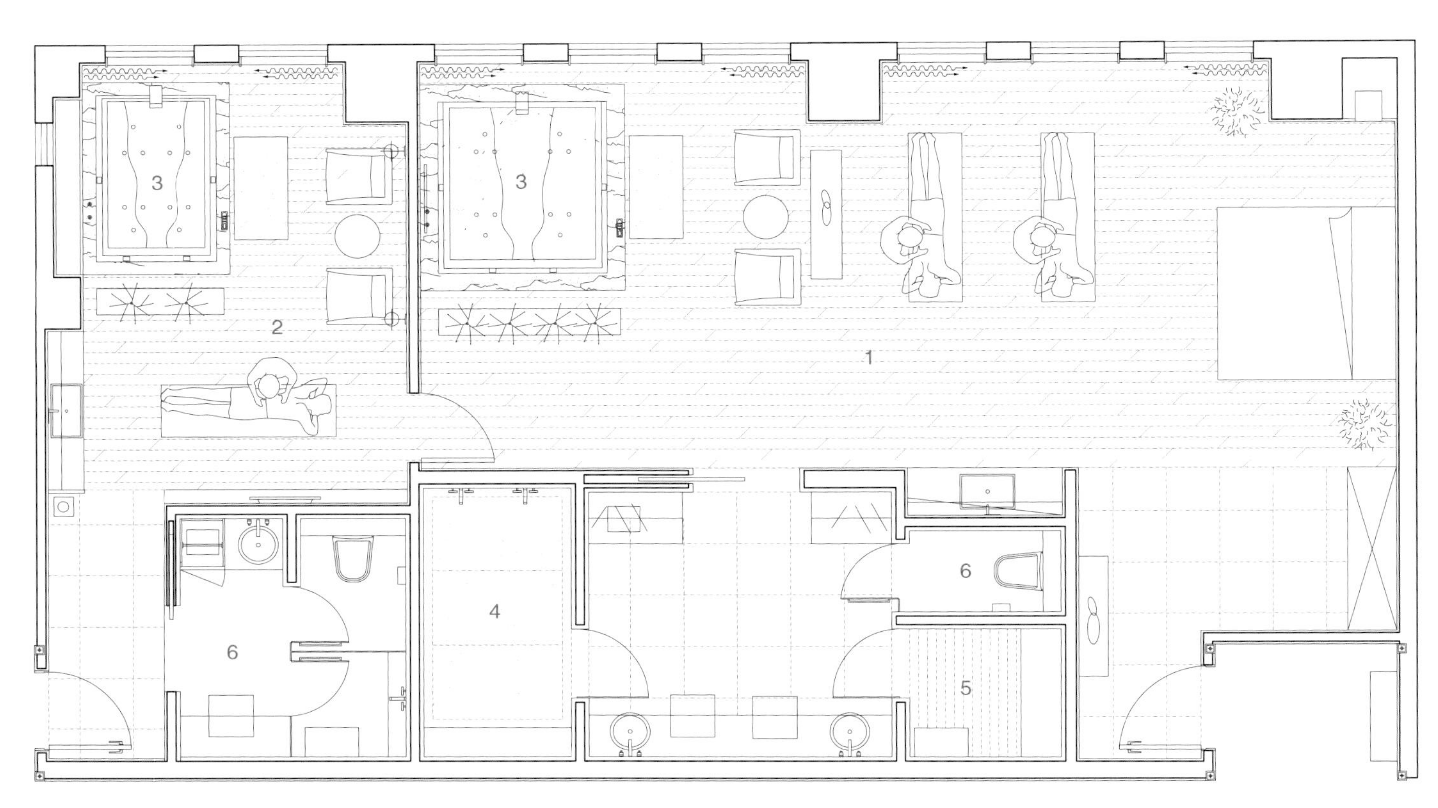

SPA 区域平面图

1. 豪华双人 SPA 房
2. 豪华单人 SPA 房
3. 豪华泡池
4. 豪华冲淋房
5. 桑拿房
6. 卫生间

概念草图

地下一层 SPA 空间，借形就势导入自然景观

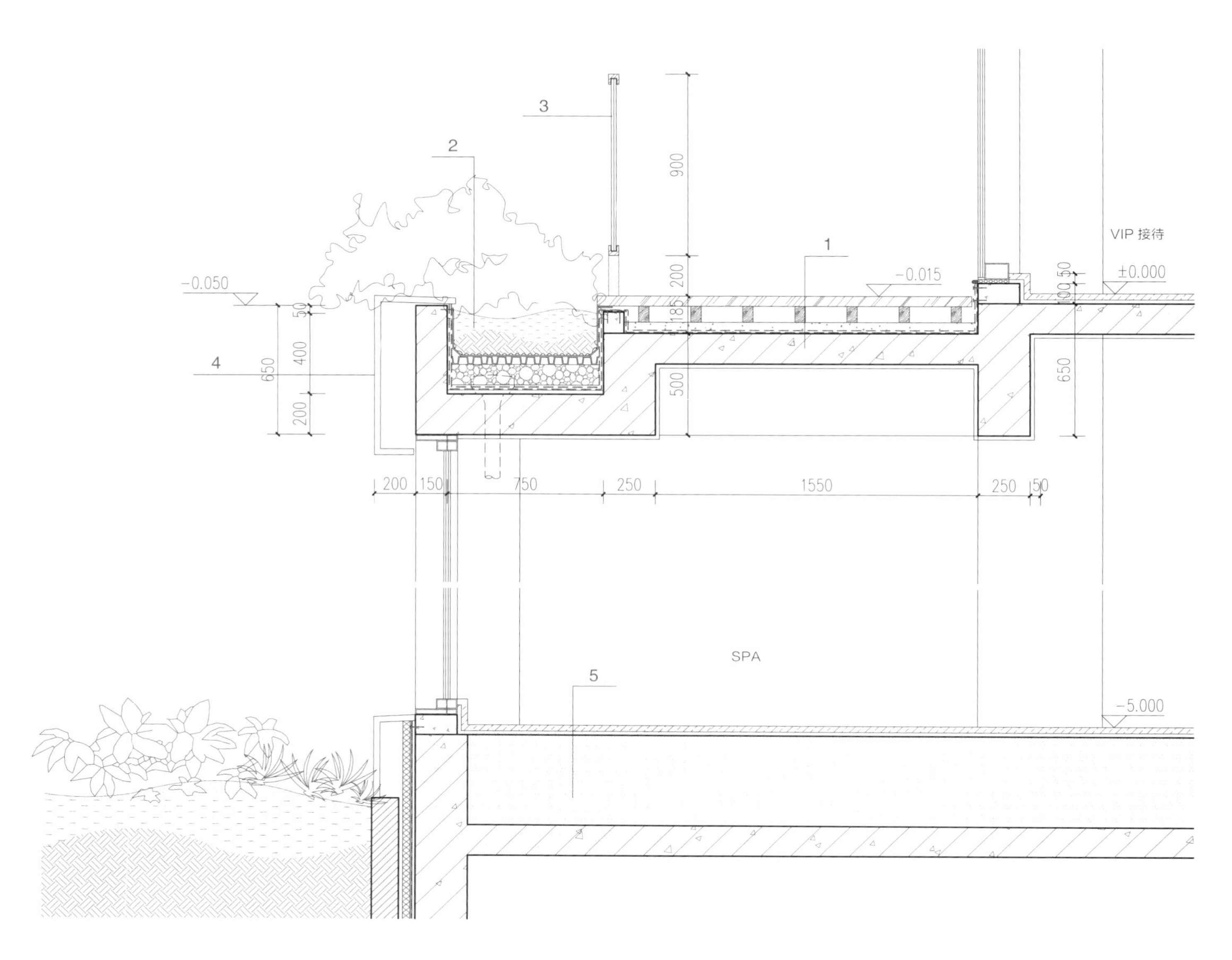

1. 150 × 30 塑木地板
   50 × 50 木龙骨 @500，表面刷防腐剂
   C20 细石混凝土找坡，最薄处 30 厚
   25 厚挤塑聚苯板保温层（阻燃型）
   3 厚高聚物改性沥青防水卷材
   2 厚环保型聚氨酯防水涂膜
   20 厚 1 ： 2.5 水泥砂浆找平层
   钢筋混凝土屋面板
2. 300 厚种植土
   ≥ 200g/ ㎡无纺布过滤层
   HDPE 塑料板排水层
   40 厚 C20 细石混凝土保护层
   耐根穿刺复合防水层
   3 厚自粘性聚合物改性沥青防水卷材
   20 厚 1 ： 3 水泥砂浆找平层
   最薄处 30 厚 LC5.0 轻集料混凝土 2% 找坡层
   25 厚挤塑聚苯板保温层（阻燃型）
   钢筋混凝土屋面板
3. 双层夹胶玻璃栏板，上下方钢卡槽固定
4. 装饰石材
5. 轻集料混凝土垫层

SPA 空间外檐

SPA区

客房从空间、陈设、门窗开启形式到卫浴空间布置，都围绕室外自然环境进行设计。为了获得最大的景观面，酒店只在面向球场景观的单侧布置客房。坐便间、淋浴间、洗面梳妆区相互独立，且都能远眺室外的景色。酒店盥洗区一改传统围合的方式，利用铁刀木花格的可移动隔断模糊了盥洗空间与睡眠空间的界限，形成了一个通透连续、可分可合的流动空间。

露台浴缸是酒店的一大特色，在反复斟酌后，部分房型将室内利用率较低的浴缸设置在室外景观露台的一角，面对着绿色盎然的大自然，何不享受一下与自然共生的沐浴时光。这也是亚热带气候的馈赠，惬意地躺在浴池内，眺望湖光山色，温暖的阳光洒在身上，头顶的老式吊扇轻轻旋转，聆听鸟鸣虫叫，与大自然进行最亲密的接触。

概念草图

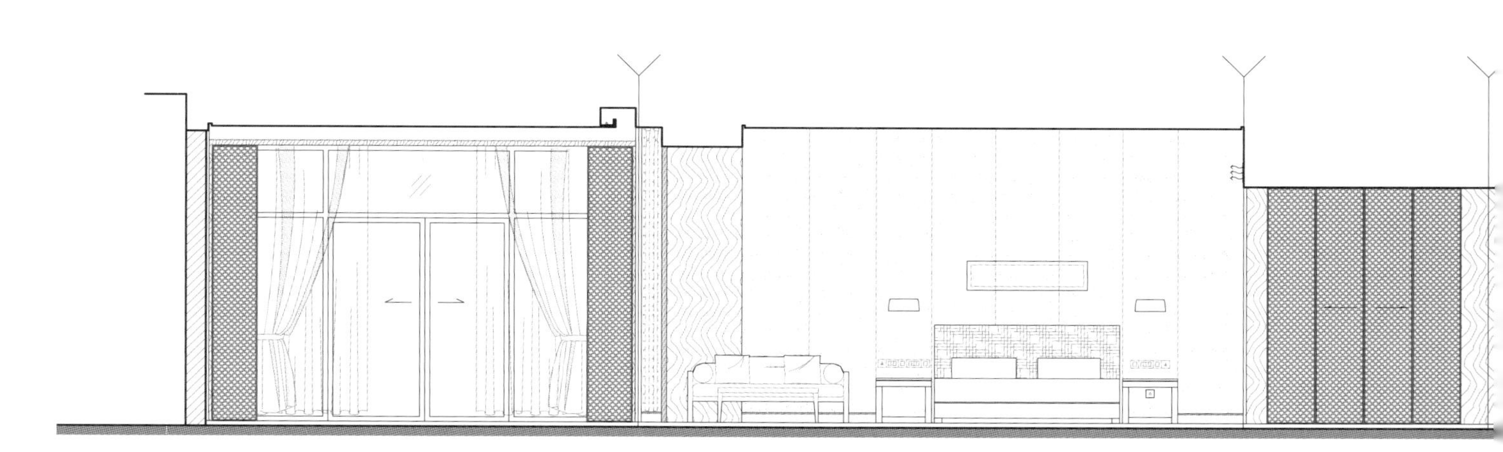

客房

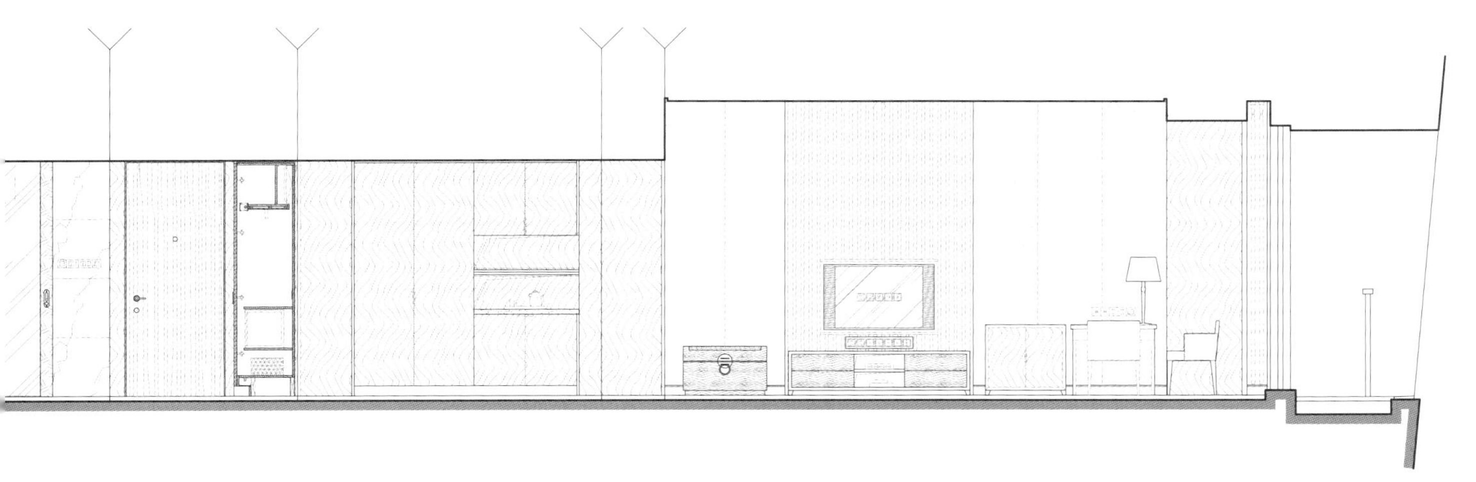

客房展开立面图

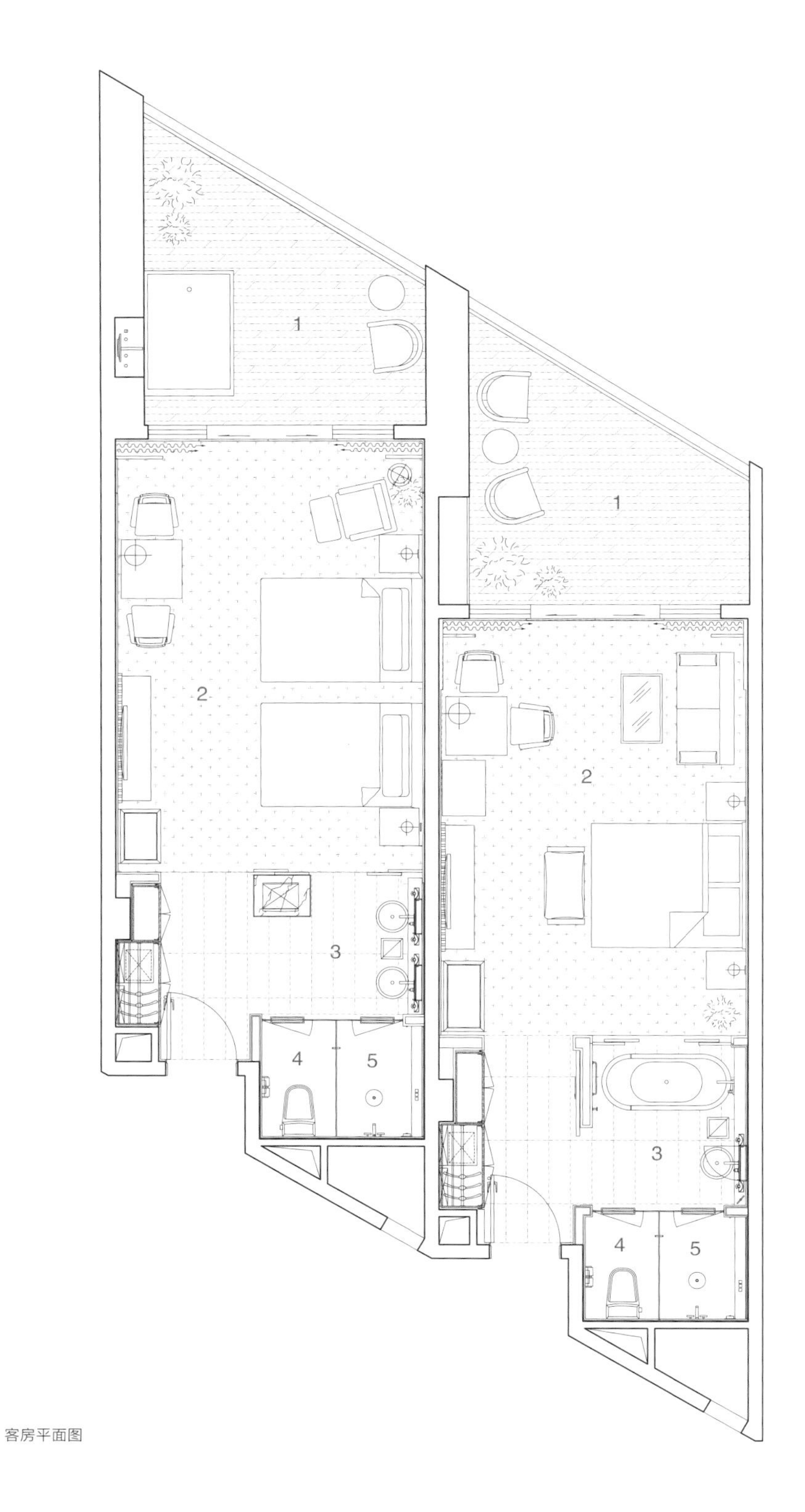

客房平面图

1. 休闲景观露台
2. 卧室
3. 半开放式盥洗区
4. 坐便间
5. 淋浴间

客房平台远眺高尔夫球场

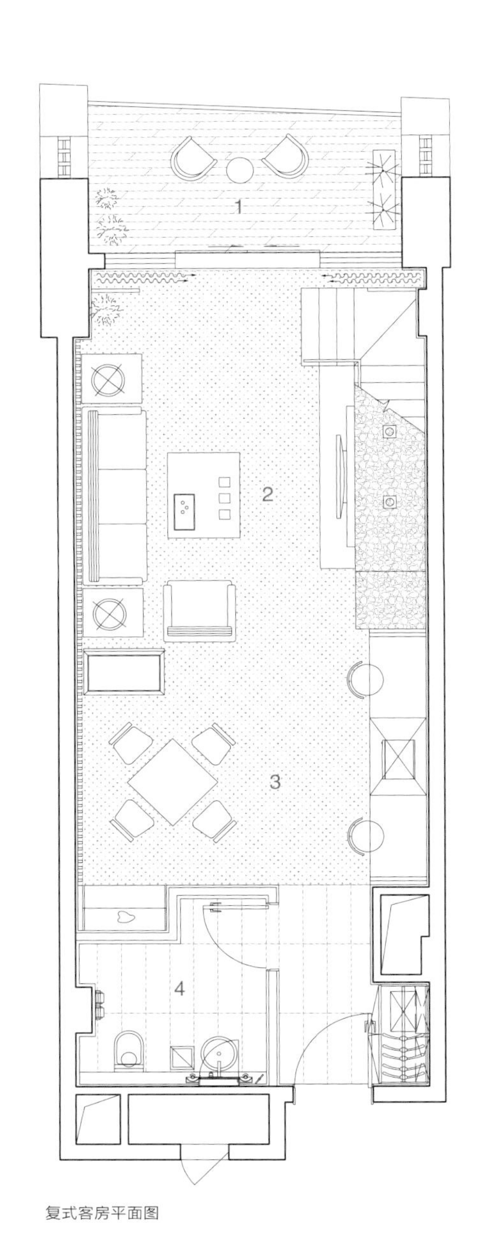

1. 休闲景观平台
2. 客厅
3. 餐厅
4. 卫生间
5. 卧室
6. 淋浴间
7. 坐便间
8. 半开放式盥洗区

复式客房平面图

复式客房展开立面图

复式客房

概念草图

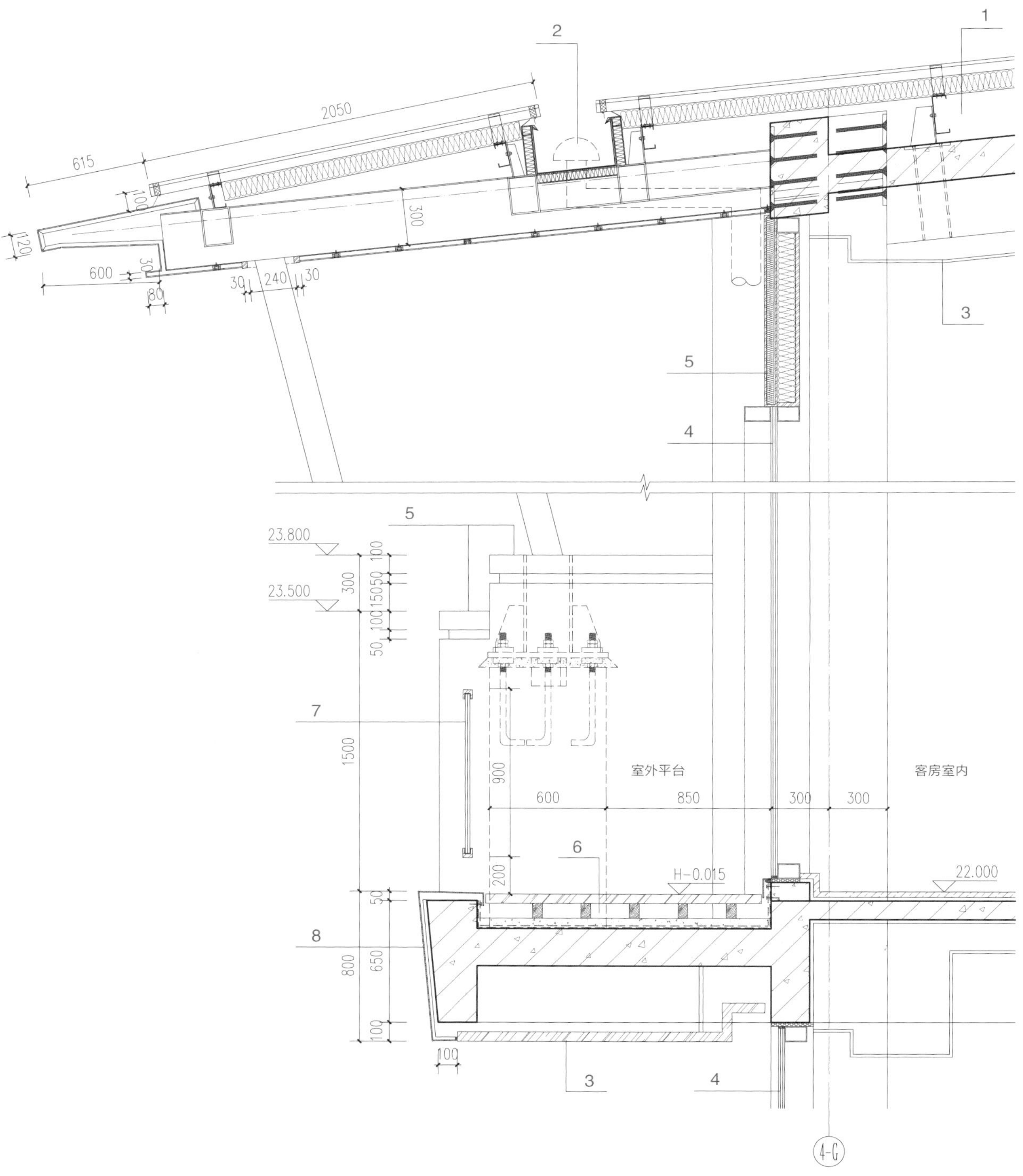

1. 0.9 厚原色锤纹直立锁边铝合金屋面板，板端下弯
   100 厚保温棉
   铝合金固定座带隔热垫
   镀锌钢丝网加铝箔
   檩条系统
   2 厚环保型聚氨酯防水涂膜
   20 厚 1 ：2 水泥防水砂浆找平
   钢筋混凝土屋面板
2. 金属天沟
3. 吊顶
4. 玻璃幕墙
5. 铝板，表面氟碳喷涂
6. 150 × 30 塑木地板
   50 × 50 木龙骨 @500，表面刷防腐剂
   C20 细石混凝土找坡，最薄处 30 厚
   2 厚环保型聚氨酯防水涂膜
   20 厚 1 ：2.5 水泥砂浆找平层
   钢筋混凝土楼板
7. 双层夹胶玻璃栏板，上下方钢卡槽固定
8. 外墙装饰涂料

复式客房构造节点

从复式客房看室外

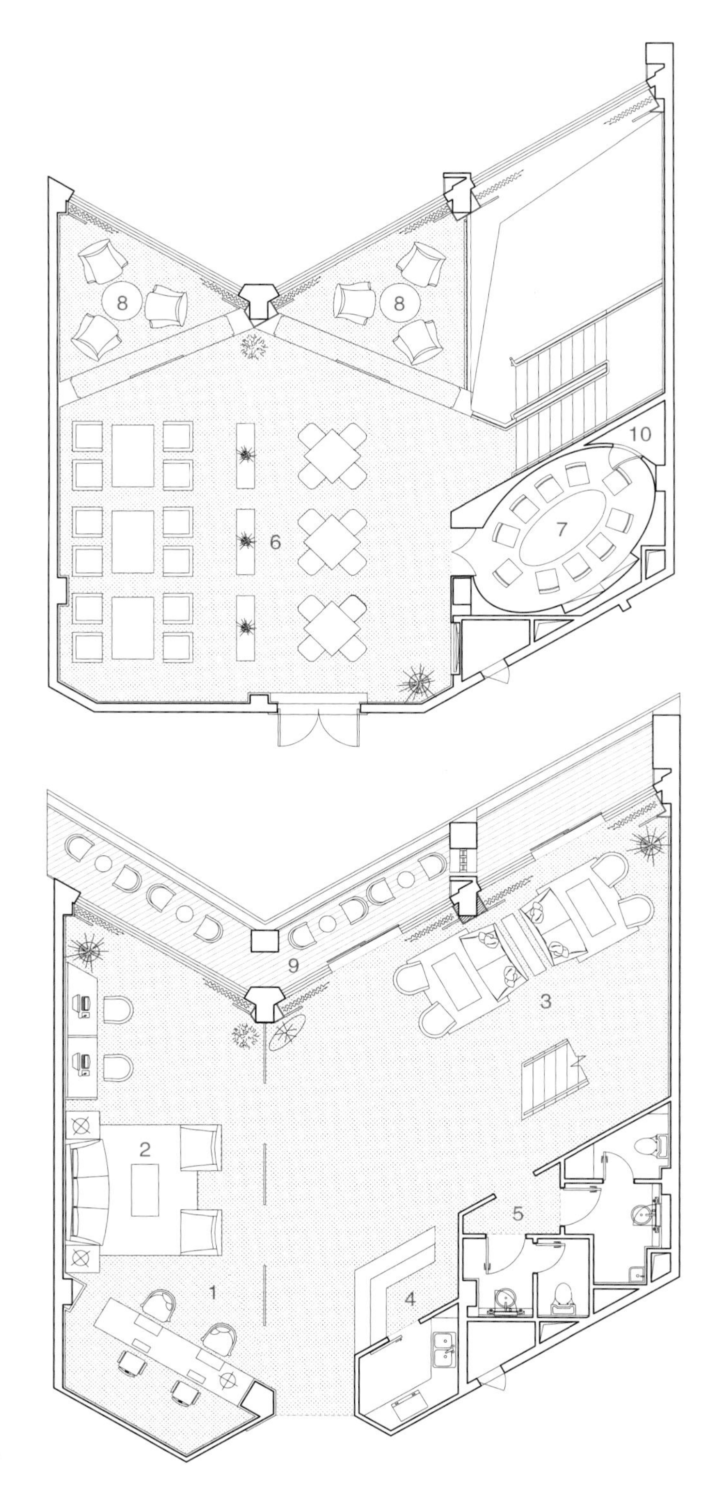

行政酒廊平面图

1. 接待区
2. 休闲区
3. 洽谈区
4. 水吧区
5. 卫生间
6. 商务自助区
7. 会议室
8. VIP 洽谈区
9. 景观休闲平台
10. 储藏间

行政酒廊洽谈区

行政酒廊接待休闲区

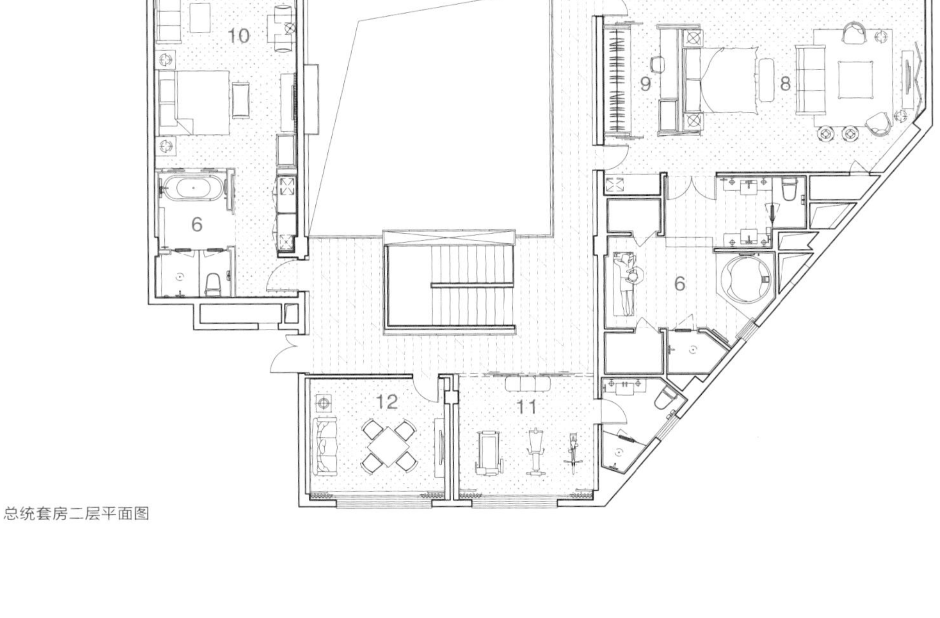

总统套房二层平面图

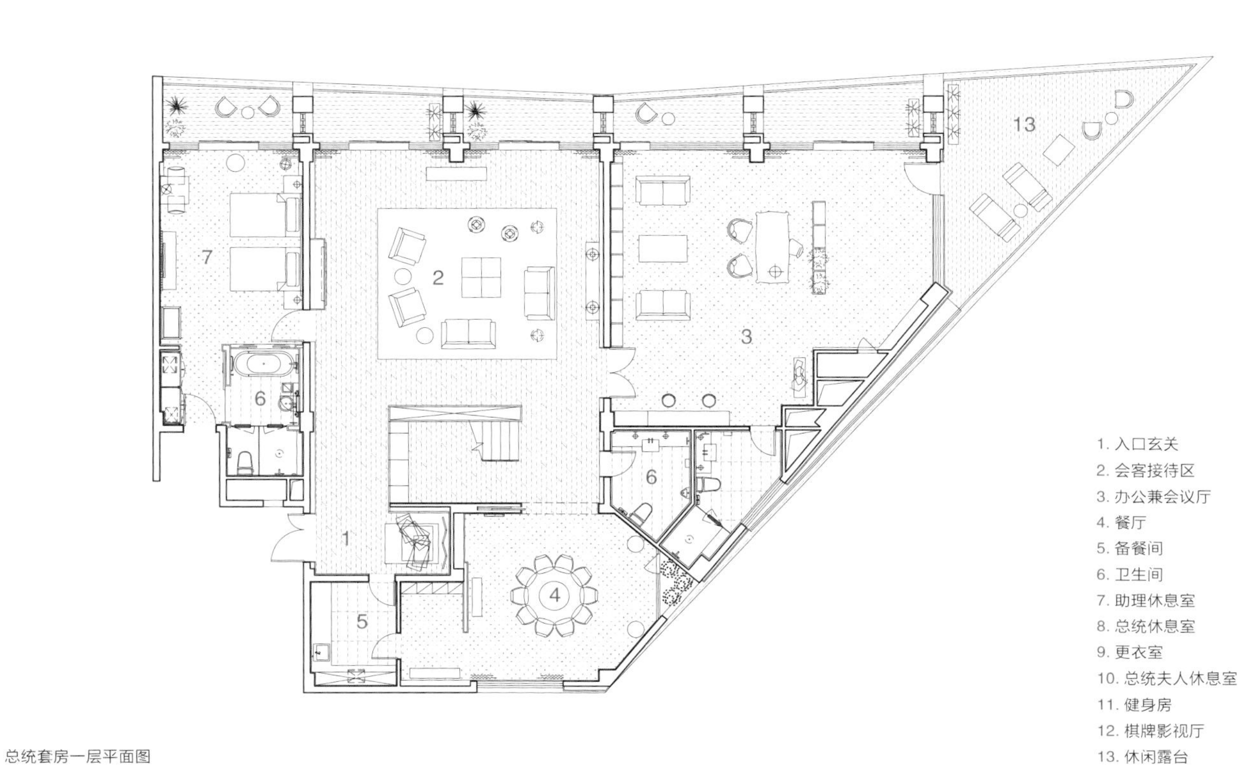

总统套房一层平面图

1. 入口玄关
2. 会客接待区
3. 办公兼会议厅
4. 餐厅
5. 备餐间
6. 卫生间
7. 助理休息室
8. 总统休息室
9. 更衣室
10. 总统夫人休息室
11. 健身房
12. 棋牌影视厅
13. 休闲露台

总统套房

酒店泳池

概念草图

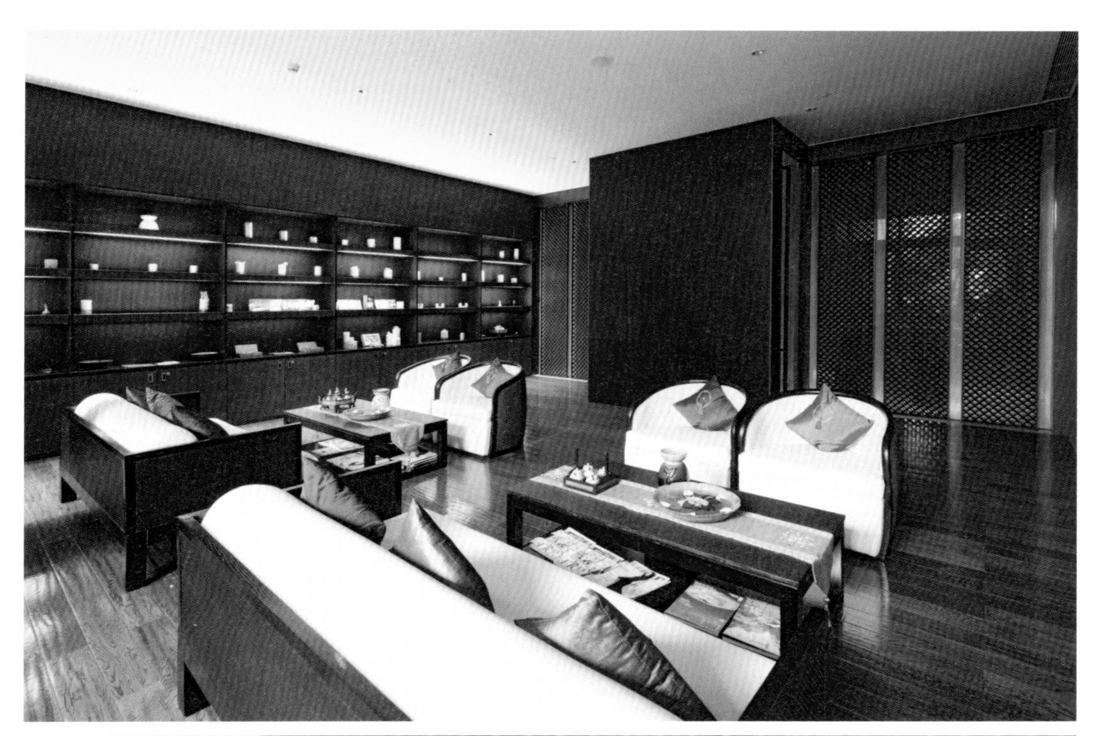

康乐区与健身房

9. 天然的格调

酒店室内的装饰材料大多取自天然，主要以砖、石、木等自然材质为主，局部搭配金属、陶瓷、玻璃等，营造简约、洗练的空间格调。简洁的空间造型、典雅的图纹肌理配以石雕、木雕、陶艺、竹编等传统工艺手法，清新质朴，经济实用。

大堂吧墙面点缀的闪光琉璃砖，水景旁栩栩如生的“琉璃鱼”，落地窗前当地质朴的遮阳手工竹帘……这些看似随意的搭配处处透露出现代与传统的交融以及岭南特有的文化气息。随着走廊空间的变化，墙面装饰还穿插使用竹帘、铁刀木饰面、透光大理石玻璃、拉丝不锈钢板和仿皮革软包等不同材料，于整体统一中丰富细节变化，简约而不简单。

全日餐厅在浅咖色系的统一基调下，顶面选用了当地自然朴实的席编材质，墙面大面积采用和式木纹饰面板以及古意的灰木纹大理石，邂逅层次有质感的肌理手工漆，再搭配天然材质的竹帘，仿佛置身透心清凉的竹林中，别有一番趣味。

宴会厅墙面采用了与酒店基色相统一的毛面米灰色大理石和铁刀木饰面板等；面向球场一侧利用镜面线条反射，扩大横向视觉空间，将视线向自然延伸，弥补了受地形影响带来的空间限制。

概念草图

西餐厅

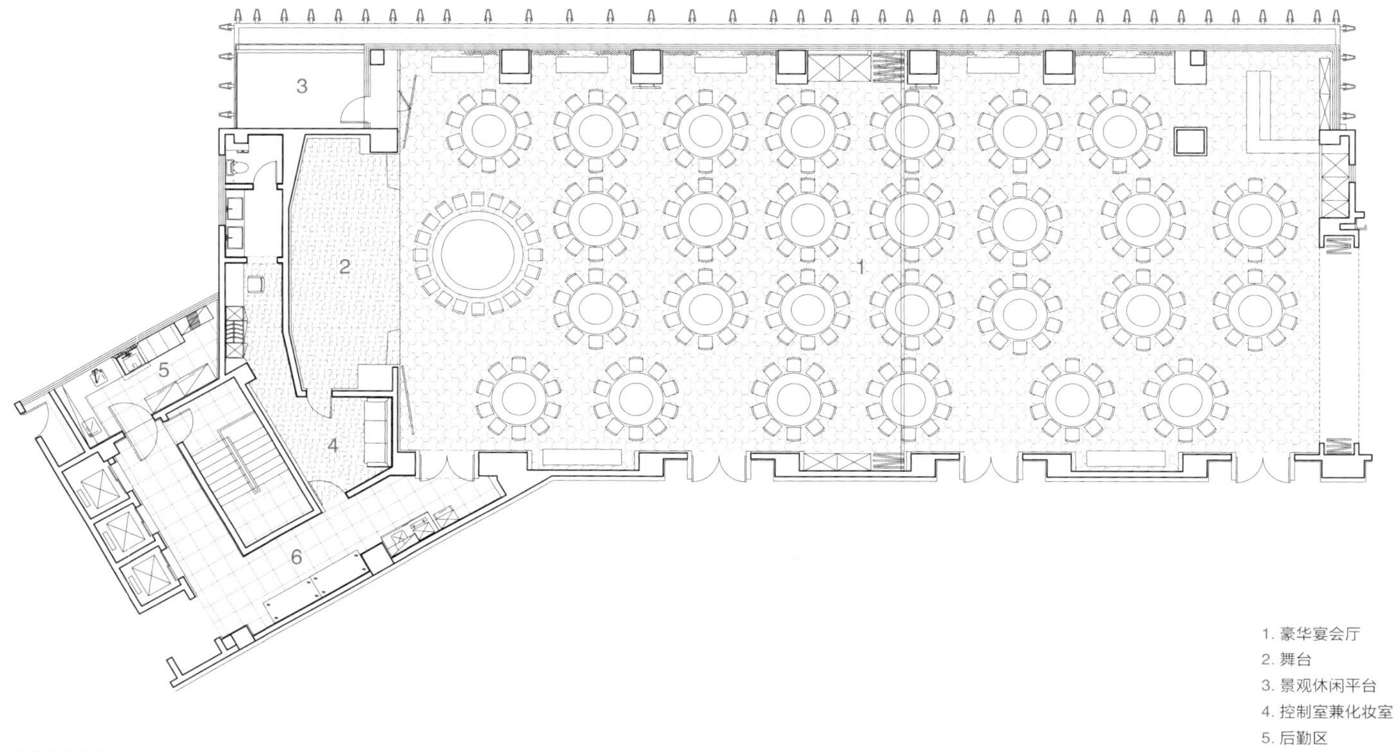

1. 豪华宴会厅
2. 舞台
3. 景观休闲平台
4. 控制室兼化妆室
5. 后勤区
6. 备餐区

宴会厅平面图

宴会厅

商务中心与会议区域走廊

公共卫生间局部

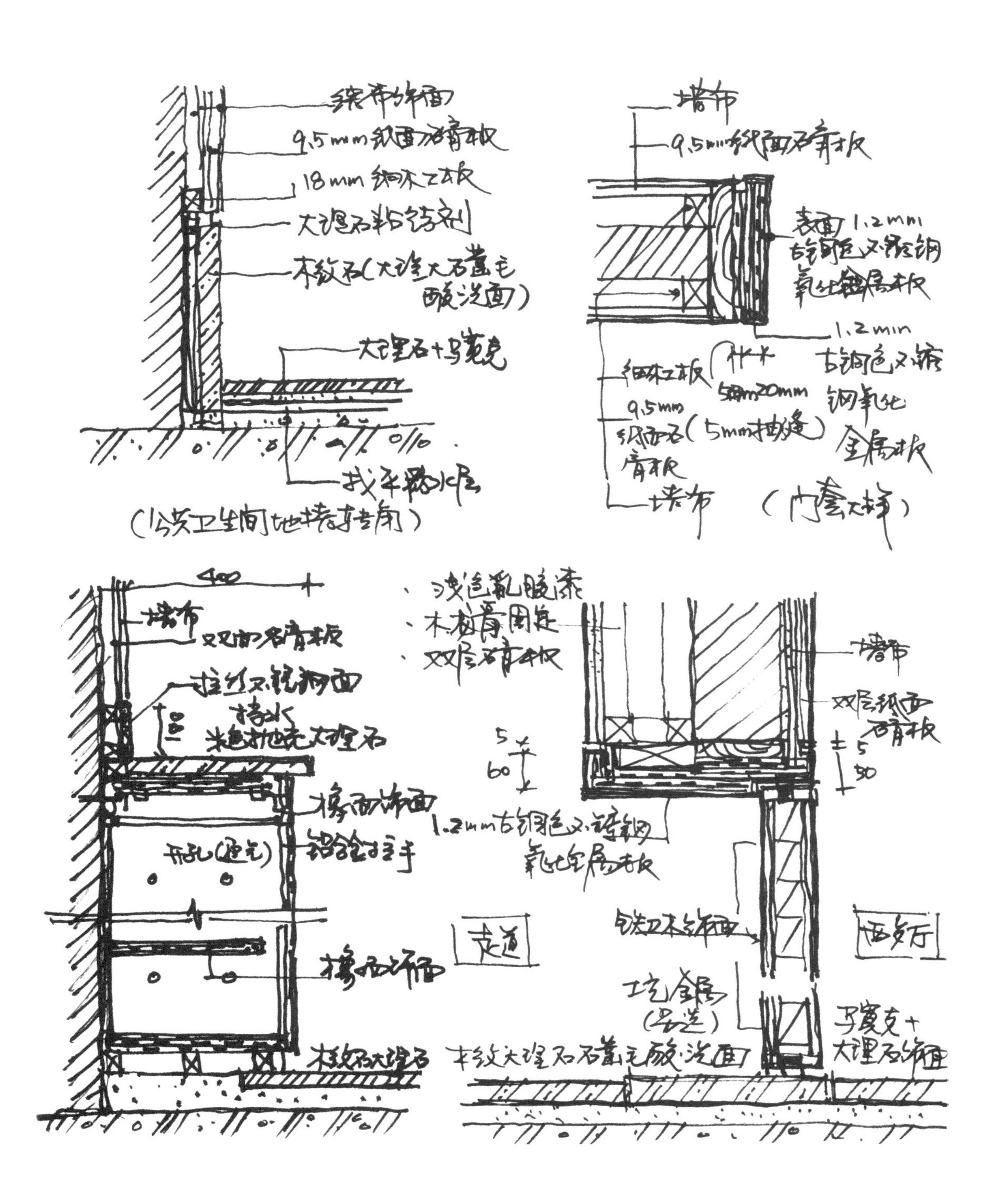

墙布饰面
9.5mm纸面石膏板
18mm细木工板
大理石粘结剂
找平防水层
（公共卫生间地墙转角）
墙布
9.5mm纸面石膏板
表面1.2mm古铜色不锈钢氧化金属板
1.2mm
细木工板
9.5mm
墙布
（门套大样）
400
墙布
双层石膏板
拉丝不锈钢面
铝合金拉手
走道
5
60
5
50

大桥日本料理店选取了一块直接切割成形的当地天然荒料，以原始的自然面作为入口处的迎宾台，粗犷而富有野趣。按不同原料配比制作成的彩色混凝土夯土混合墙面搭配手工肌理，与室内外墙面的涂料有机呼应，更添原始、质朴之感。

康体娱乐空间选用了质地粗糙的灰洞石、铁刀木饰面板、鹅卵石、水层岩板、藤编软包等天然的地方材料，淡雅、质朴又不失韵味。

客房以天然质朴的铁刀木色系材料为主，自然考究的材质肌理与柔和的米色系亚麻布硬包墙面搭配，铺衬上驼色地毯，空间色调层次清晰，宁净有致。

酒店在陈设上遵循了黑白灰基调，崇尚自然情趣与“在地”特色。室内以黑色、红褐色的木质家具为主，配以米色系沙发与墙面，咖啡色的布艺窗帘。民间寻来的花格窗、栓马柱、石雕和木雕装饰把岭南传统雕塑艺术搬移到了室内，古色古香的博古架以及窗棂隔断赋予了空间别样的情致，透露着古朴风雅；马陶与水晶的结合拉开了传统与现代的时空距离，丰富了空间的时空维度。

宴会厅中国红台布、红色皮油革饰面等，活泼欢快，衬托出祥和大气的场面，迎合了当地婚礼与节日宴会吉祥喜庆的风俗气氛……

酒店室内陈设融入了岭南“在地”特色中代表性的元素，原汁原味的字画、匾幅、挂屏、盆景、瓷器、屏风、木雕及明式圈椅等，诠释了岭南家居文化的独特魅力，突出了“在地”设计的时空维度。陈设讲究空间的层次感，简洁的橱柜、富有韵律的屏风、憨态可爱的陶马摆件、意蕴深远的岭南水墨壁画，朴拙自然的手工竹帘……一件件陈设物在环境中画龙点睛，处处流露着设计的用心，凸显出酒店的品位。

概念草图

大桥日本料理入口

透光石材

竹帘倒影下的走廊

隐秀厅自助餐厅

空间细部

材料细部

休闲空间

外墙竹构

宴会厅门厅与 KTV 包间

KTV 休闲区

岭南地区气候温和，雨水充沛，传统园林、池塘、河流、田野等自然生态景观随处可见，特有的气候条件和自然环境使得建筑融于环境之中，成为其不可分割的一部分。隐秀山居依山傍水的天然优势与多元兼容的文化形态，使其“在地”的景观设计中既包含了对当地自然人文的思考，也涉及了对异域文化的包容。

10. 基底 · 生态

绿化配置在景观环境中能够起到改善生态、增加空间层次的作用，植物的季相变化亦能画龙点睛，丰富景观画面，因此，设计遵循物种多样性与生态平衡，强调适地适树、因地制宜等原则，实现绿化配置合理的意境创造。

10.1 顺应自然

岭南地区以丘陵山地为主，地貌复杂，隐秀山居充分利用在地环境中的自然要素，结合地形变化，随形就势，创造出丰富的景观感受；同时基于当地潮湿多雨的气候特点，结合地形中的浅凹绿地，汇聚并吸收来自屋顶或地面的雨水，再通过植物、沙土的综合作用使雨水得到净化，并使之逐渐渗入土壤，涵养地下水，或补给景观用水、厕所用水等。通过“渗、滞、蓄、净、用、排”，生态措施和工程措施相结合，地上和地下相结合，解决岭南多雨水问题，同时还可以调节微气候、改善水生态，这与可持续的生态理念不谋而合。雨后，黄花鸢尾、千屈菜、花叶芦竹、再力花、伞草等，或成团，或成簇，形成一个个美丽别致的“雨水花园”。“在地”，不是改变，不是征服，而是顺应自然、尊重自然，同样自然亦会传达出它的善意，给予我们一片秀丽风光。

保留酒店周边既有乔木的基础上，梳理整合球场内球道之间的景观。通过对景、借景、框景等设计手法让高尔夫球场空间层次更丰富

生长中的绿植与建筑

地下室空间上的屋顶绿化

10.2 适地适树

植物也是在地设计中不可缺少的一部分，岭南地处亚热带，植物品种繁多，一年四季花团锦簇、绿茵葱翠。老榕树独木成林，堪称岭南一绝;鸡蛋花树形美观，花香馥雅，又因其为佛教"五树六花"之一，增添了一层神秘的宗教色彩;"叶如飞凰之羽，花若丹凤之冠"的凤凰木开花之时，满树如火，富丽堂皇;榄仁、白兰、炮仗花、勒杜鹃等等，亦是江南和北方所无。

隐秀山居的绿化首先在种植上保留了原有的大乔木南洋楹，保持在地环境的原有特征;其次整个区域以高山榕、垂叶榕、凤凰木等岭南特色树种为主要基调树种，利用热带特色棕榈科植物加以点缀，再辅以藤萝、芭蕉等，搭配分隔形成不同的空间体验。酒店入口处的小叶榄仁主干挺直，枝桠自然分层，水平向四周开展，形成天然的屏风，加之罗汉松、球类搭配种植，建筑在其间若隐若现;大堂落地玻璃窗外，爬山虎迎墙蜿蜒而上，翠绿的青竹和鲜红的亮叶朱蕉形成色彩上的鲜明对比;泳池区域鸡蛋花、鹅掌柴等叶片宽大，在遮挡烈日的同时在水面形成倒影，树叶随风摆动，绿影婆娑，番石榴花夹在绿叶当中红得艳丽，增添了不少情趣。应用这些本土植物构成绿化基底，使管理和维护成本达到最少，促使场地环境自生更新、自我养护，同时也构成了独特魅力的岭南景观。

10.3 多维绿化

不同于江南园林封闭内收的空间布局，岭南园林在景观和视线的组织上，多将室内外空间有机结合起来，借助室外景色，达到丰富空间层次的效果。且考虑到岭南夏季日照时间长，太阳辐射大，隐秀山居还特别注重建筑的绿化。地下室的屋顶和层层退台上均栽种了大量植被，层层叠叠，将建筑掩映在一片青翠中，形成了一个错落有致的空中花园，与岭南传统的"天台花园"如出一辙;同时，隐秀山居还在垂直体量上做了各种爬藤绿化，形成覆盖效果。这种设计使宾客最大程度享受到自然风光的同时，在夏季减弱了太阳的辐射热量，可降低室内温度 3~5℃，降低建筑表面温度 10℃以上，大大降低了能耗。立体绿化夏季遮阳，冬季隔热，同时也使酒店更好地融入了岭南的"在地"环境中，提高了建筑和环境的融合度，与绿色建筑理念相呼应。

概念草图

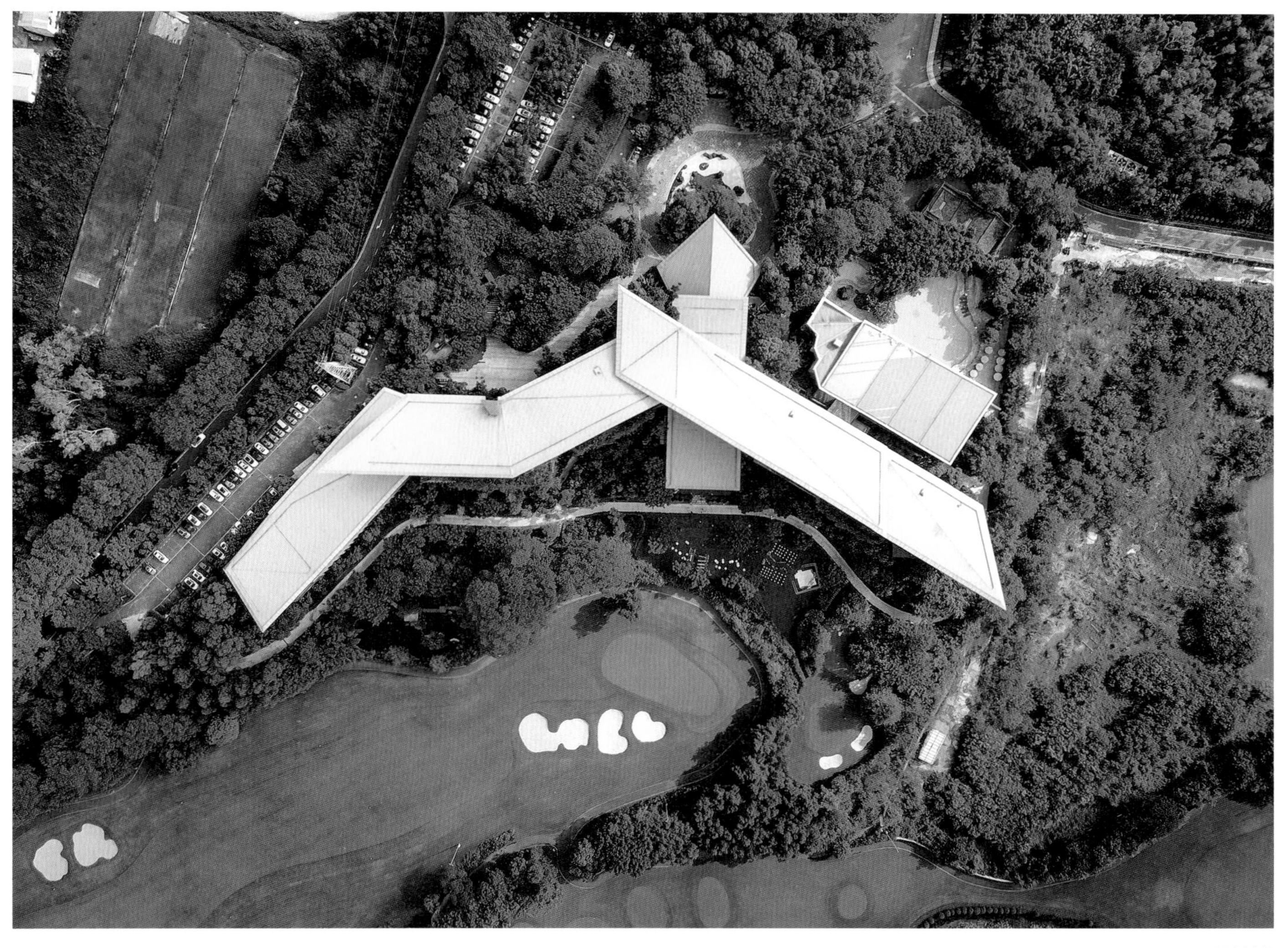

酒店航拍

入夜时分远眺球场

屋顶花园的营造改善了局部小气候，是建筑与环境的有机结合。地下室屋顶覆土 300~700mm 厚，良好的隔热大大降低了下置后勤空间的温度，局部开出的天井使地下室有自然采光和通风

多维的景观绿植

既有树种的保留

绿植与建筑

绿植与建筑

主入口跌水

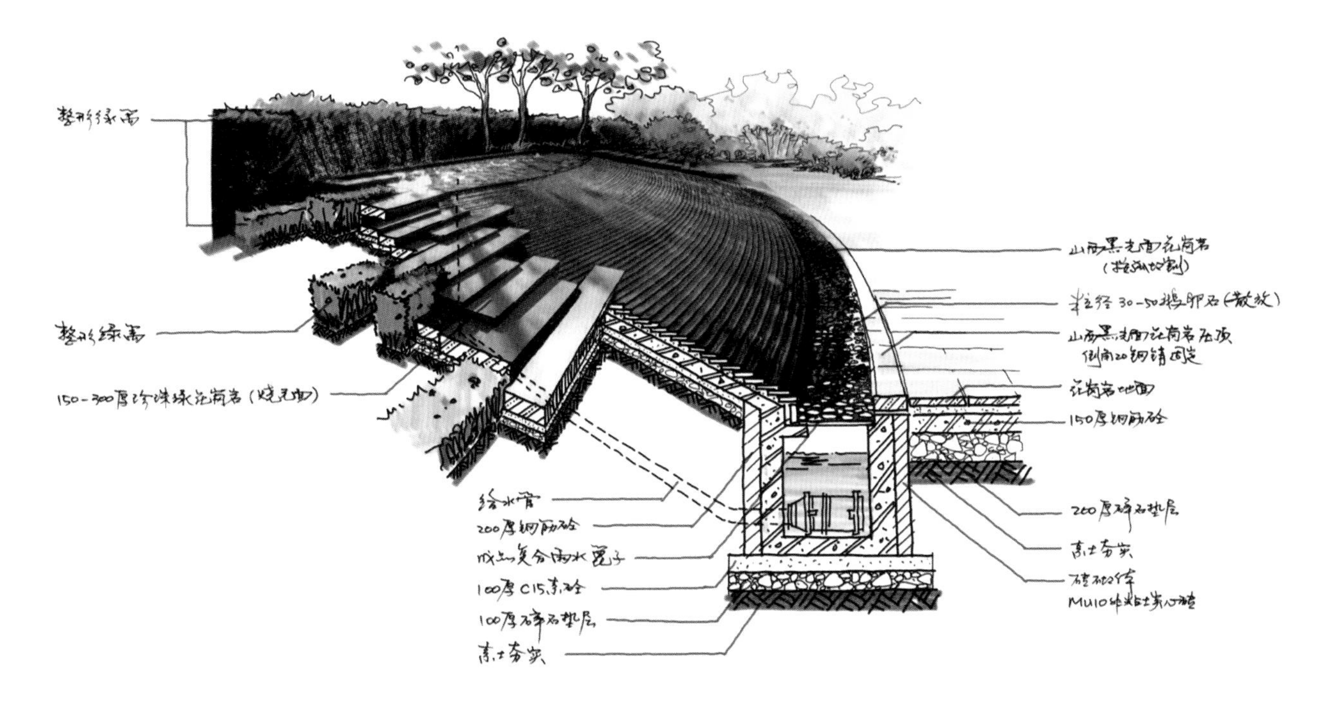
整形绿篱
整形绿篱
150-300厚珍珠绿花岗岩(烧毛面)
给水管
200厚钢筋砼
成品复合雨水篦子
100厚C15素砼
100厚碎石垫层
素土夯实
山西黑光面花岗岩
(按弧切割)
粒径30-50鹅卵石(散放)
山西黑烧面花岗岩压顶
侧面20钢销固定
花岗岩地面
150厚钢筋砼
200厚碎石垫层
素土夯实
砖砌体
MU10水泥实心砖

入口跌水断面详图

建筑与环境

多维绿植中的建筑

自然景观

高尔夫球场一角

11. 脉络 · 趣味

宾客在室外的各种活动都是与自然亲密无间的交流，这种互动体验行为在酒店景观设计中尤为重要。通过步道、游桥、栈道构成整个场地连续的游览路线，并在重要节点处设置与景观主题相伴的亭、廊、庭及其他景观休闲设施，供宾客驻足休憩，享受自然。

酒店后的曲折小路、圆石步道以及林间的草坪道路，不拘一格，随机而变；临水，一个木亭、几张座椅，简单朴素，明快生动；停车场上的铁艺廊架，爬山虎生机勃勃，挡住了炎炎烈日；墙角边，几个陶罐栽着几株小植物，简单随性……处处细节都体现出岭南园林的实用性、融合性和亲切性。为

景观水景（雨水收集）

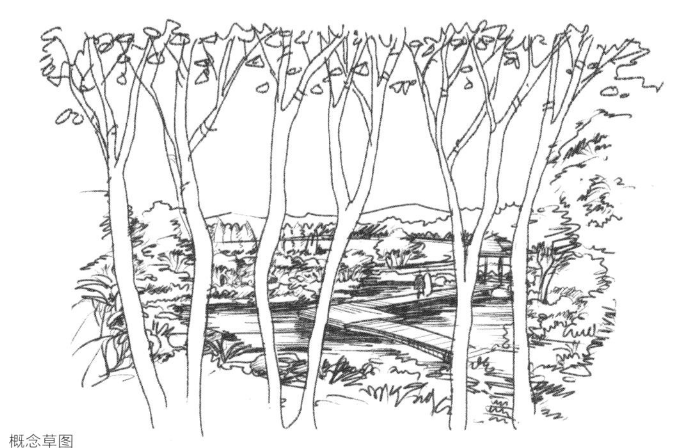
概念草图

了满足场地内的消防要求而又落实景观效果，设计采用“隐形车道”的做法，用草皮收窄道路成人行道路的尺度。道路汲取传统园林“因势利导”的在地智慧，采用“近自然”的雨水排放方式，不设置侧石，雨季道路积水或自然渗透到草地中，或顺应地势回流至附近的河流中，“在地”设计与“海绵城市”理念不期而遇。

月夜，走入隐秀山居，灯光与自然天光相互柔和，一山一水、一草一树都充满了韵味。在隐秀山居中远离都市的喧嚣，拥抱自然，倾听生命，感受韵律。循着山水走到内心深处，感受大自然的无限生机。

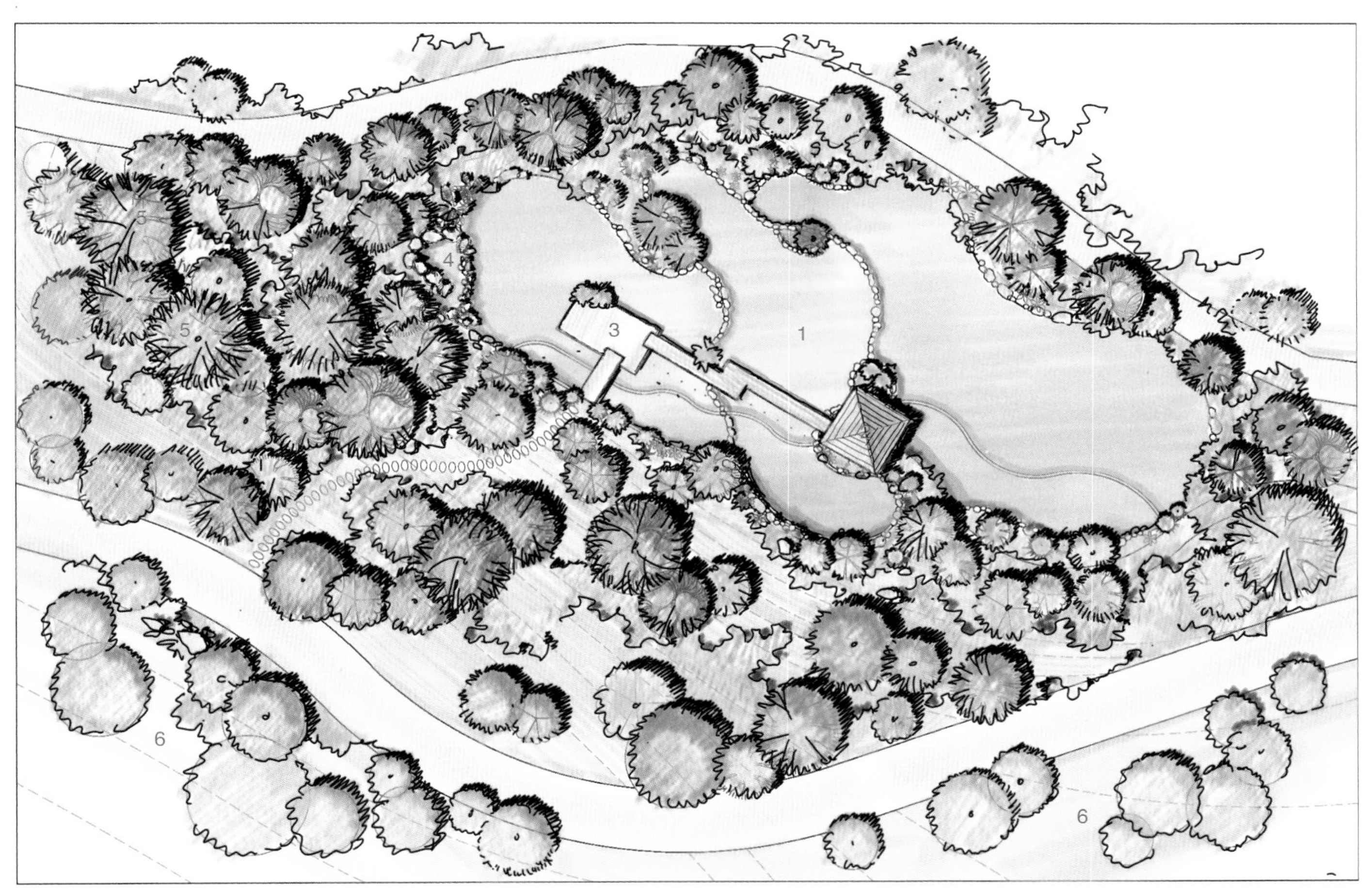

1. 雨水收集景观池
2. 逍遥亭
3. 木栈桥
4. 流瀑
5. 保护既有树种（南洋楹）
6. 高尔夫球场

雨水收集景观及周边平面

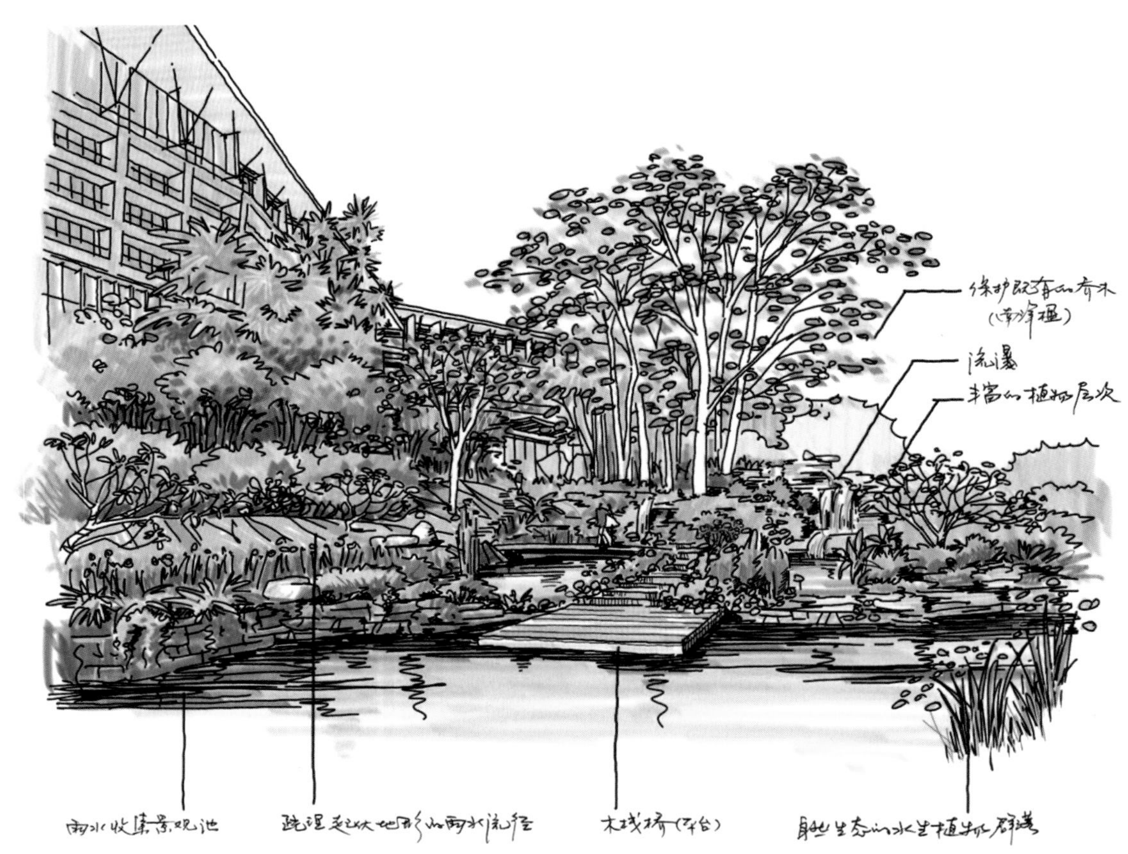
保护现有的乔木
流瀑
丰富的植物层次
雨水收集景观池
疏理起伏地形的雨水流径
木栈桥（平台）
自然生态的水生植物群落

雨水收集景观概念

既有树种的保留

建筑与可生长的绿植

老宅通过环境语言与酒店对话

绿植与建筑

径流
过滤
有净化功能的水生植物群落
植物调节蒸发
复合型防水卷层
土工布一层
蒸发
暗藏出水口
蒸发
调节水位
常水位
雨水生物净化区
透水铺装
雨水径流
过滤下渗
沉淀渗透

雨水收集景观断面

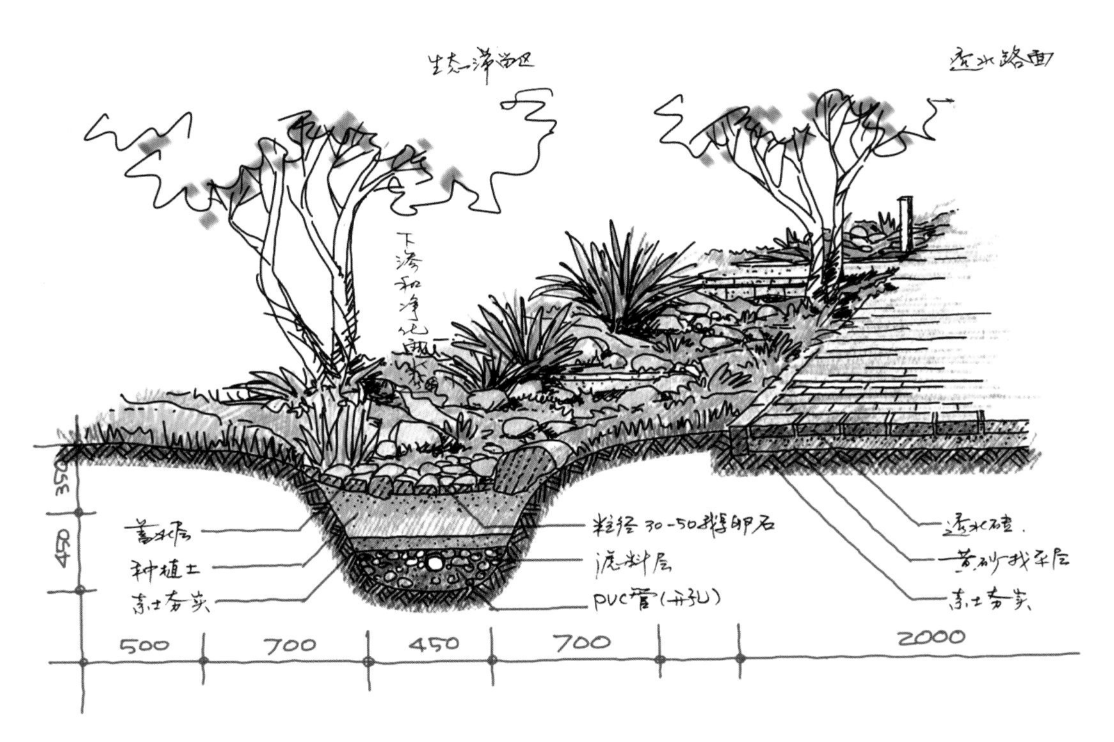
生态滞留区
透水路面
下渗和净化雨水
350
450
蓄水层
种植土
素土夯实
粒径30-50鹅卵石
滤料层
PVC管(开孔)
透水砖
黄砂找平层
素土夯实
500
700
450
700
2000

景观旱溪断面

自然环境中的酒店

12. 元素 · 禅境

在本土山水中融入异域园林，是岭南文化本身多元、包容的体现，也是以另一种方式与“在地”设计相融。在隐秀山居的景观环境中，别具匠心地将酒店隐匿于一片树林之后，顺着曲折小径，躲过层层枝叶，豁然开朗，呈现在人眼前的是一个宁静开阔的枯山水。

枯山水，源于日本，是微缩园林的代表，以白砂石铺地，叠放几尊石组，加上造型精致的绿色植物，以微缩式的景观产生宁静细腻的感觉，并体现出一种禅理的意境。

隐秀山居入口处不规则圆形枯山水景观庭院，明朗、通透，似以开放的姿态迎接八方宾客，与岭南兼容并蓄的文化内涵异曲同工。“枯山水”分为三个区域：深山溪谷、小川、岛屿与大海。

用材由立石过渡到平石，形成由高到低、由垂直转向水平的地形。以石组作为主题，象征峰峦起伏的山景，用白沙耙出的波纹，象征江河湖海，再点缀上简素的植物。植被以白、绿素色为主色调，选用罗汉松、细叶榄仁、海滩松、苔藓、细草等植物相称，几分静谧，几分含蓄，几分洒脱。

“在地”景观必定是融糅地方文化、地方特色的，枯山水中配以岭南的“在地”植物，吸收异域造园“精髓”的同时，多了一丝本土的“味道”，耐人寻味，令人难忘。

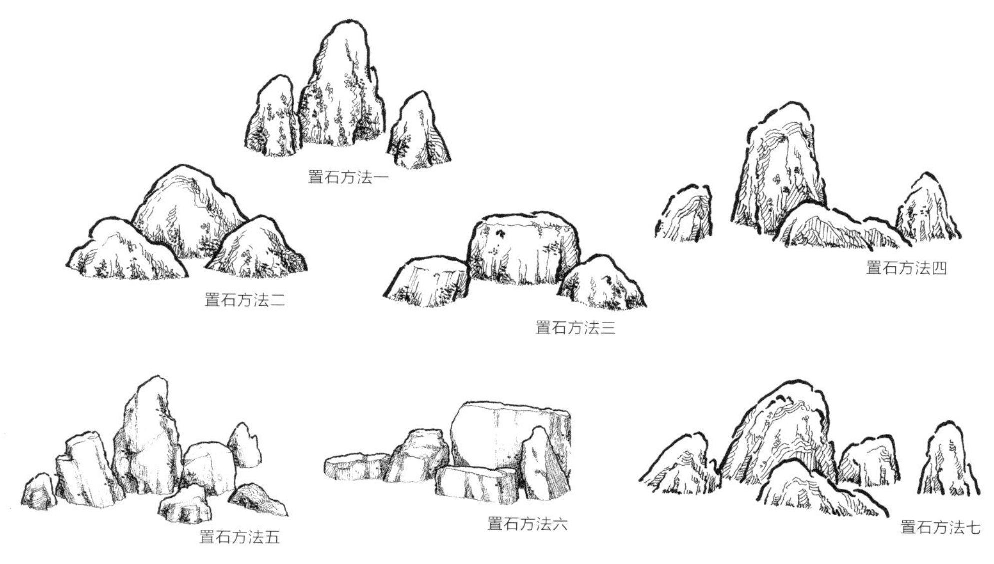

置石方法

大堂休息区枯山水景观

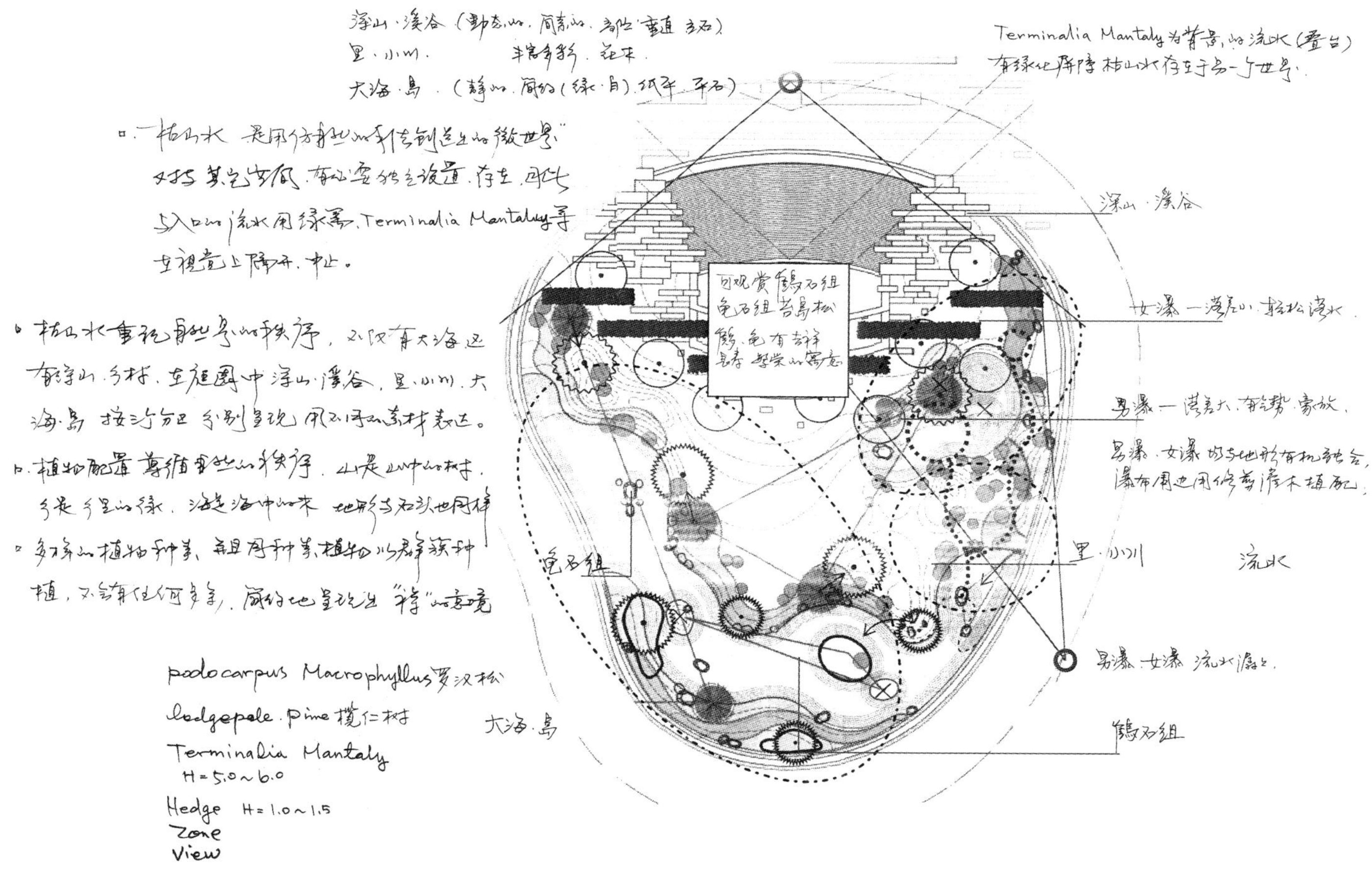
Terminalia Mantaly
深山·溪谷
里·小川
流水
大海·岛
podocarpus Macrophyllus罗汉松
lodgepole pine 榄仁树
Terminalia Mantaly
H=5.0~6.0
Hedge H=1.0~1.5
Zone
View

枯山水概念

枯山水与木构雨篷

崇山峻岭、河川湖海，枯山水的意境让想象力放飞

枯山水中大海与岛屿的表达

入夜后的入口景观

枯山水与跌水细部

枯山水中乡村与小川的表达

枯山水立面图

适地适树

鹤望兰　三角梅　千年木　扶桑　花叶艳山姜

龙眼　美丽异木棉　鱼尾葵　大叶榕

散尾葵　凤凰木　鸡蛋花

高山榕　南洋楹　台湾栾树

华盛顿棕榈　合欢　红花紫荆

黄槿　橡胶榕　小叶榄仁　小叶榕

景观树种

景观水景（雨水收集）

枯山水中的男瀑与女瀑的表达

附录

1. 隐秀山居建筑品谈会

项目信息

项目名称：深圳隐秀山居酒店

建设地点：深圳市龙岗区正中高尔夫球会园区西南侧，西南临宝荷路

业主：正中置业集团有限公司

设计单位：日兴设计·上海兴田建筑工程设计事务所

设计 / 竣工时间：2008 年 8 月 /2011 年 8 月

总建筑面积：37584m^2（其中酒店：34680.07m^2，加建：2903.93m^2）

结构形式：框架混凝土、钢结构、木结构

主要材料：石材、涂料、铝板、木材

主要设计人员

总建筑师：王兴田

建筑设计：杜富存、李新娟、陈超、王刚

结构设计：史佰通、何伟、杨婧、王迎选

设备设计：陈伟、韩书生、陈为亚

室内设计：徐迅君、王辉、莫松

景观设计：大桥镐志、武田明、陆琳、郑晓霞、左春华

隐秀山居建筑品谈会

时间：2013 年 4 月 2 日

地点：隐秀山居酒店 2 号会议室

主办单位：《城市·环境·设计》（UED）杂志社

2013 年 4 月 2 日，隐秀山居建筑品谈会在深圳隐秀山居酒店成功举行。

会议由《城市·环境·设计》杂志社执行主编柳青主持，来自全国各地活跃在建筑一线的建筑师、著名高校的学者教授：孟建民、孙一民、张颀、王路、赵辰、魏春雨、李晓峰、王绍森、张应鹏、孔宇航、黄琰、庞伟、赵崇新、岳子清、蒋昌芸、彭礼孝、赵学军、林毅等出席会议并发言。

与会嘉宾前日下榻隐秀山居酒店，对隐秀山居的周边环境、设施设备、运作模式服务进行了充分的体验与考量，并针对建筑及其周边的环境、延伸至球场的大区域环境、酒店的区位、视野的景观、地心地貌高差引起的建筑空间有效利用、生态圈的控制、材料、建构和施工工艺等方面的问题进行询

概念草图

问。途经酒店的主入口“门庭”大堂、餐厅、宴会厅、会议室、水疗 SPA、室内外泳池、拆迁的徽州老宅、室外园林，之后折返回酒店观摩客房、商务中心等空间。

许多与会嘉宾对目前在国内还尚不多见的现代木构入口“门庭”产生了浓厚的兴趣，在此王兴田为大家表述了入口的木结“门庭”的设计初衷，现代集成木是既环保又节能的材料，采用的是装配工业化的施工方式，近年来木结构规范的逐渐完善，改善了诸多消防、结构安全性等条款，在我国有很大的推广潜力。酒店庭院中拆迁的徽州老宅引起了大家的关注。这处老宅完整性极高，拆迁过程中建筑和绿植等景观严格按照徽州传统住宅制式，完整保留了建筑中的砖雕、木雕等精致细节，已损毁的部分则秉承着“修旧如旧”的原则进行了修缮工作。

嘉宾们在热烈的讨论中结束了对建筑的实地体验和询问，会议开始，项目总建筑师王兴田首先回顾了休闲度假酒店的发展历史，并指出了当今经济快速发展中的休闲度假酒店建设中存在的诸多问题。“休闲度假酒店开发建设领域尚在成长阶段，有很大缺口，亟待投资、建设、企划、运营与建筑师共同努力。作为地域性文化专业而综合的、消费者依赖度高的休闲度假酒店，选址与规模控制显得格外重要。休闲度假酒店的“在地”已经逐渐成为一个热点话题，自然与建筑的彼此融合也成为一个重要的思考基点。对于隐秀山居这个项目，为了保护基地内生态环境、并让所有室内空间向自然风景全面流动开放，建筑师在选址、动线、功能、材料、空间、建构、等方面进行了深入考量；在景观设计与日本设计大师大桥精诚合作，营造了数处充满东方禅意的枯山水景观。除此之外，隐秀山居采用了一体化设计，精细化的建筑结构和室内景观综合一体化设计，一步到位，仅仅 18 个月就完成了全部工程，并且严格控制了造价。庭院中的徽州老宅，则是建筑师试图弥补因城市建设逝去的老宅而精心留住的往事，是一场历史的挖掘再现，用不同历史时期的建筑沉淀的成长痕迹，在不同时期的对话中，达到新与旧的张力体系的平衡维系”。

嘉宾实地考察隐秀山居酒店

1）“建筑认知与整体设计”

——孟建民：中国工程院院士，全国建筑设计大师，深圳建筑设计研究总院有限公司总建筑师

第一：大门厅给我很深的印象，对于认知频率比较高和敏感度比较强的地方，作为建筑师浓墨重彩去描绘还是很必要的。第二：隐秀山居酒店总体上来讲是比较成功的，自主设计、全过程设计、限额设计三点是成功的保障。第三：设计本身给我的启发。建筑师用一种折线最大化地争取景观面，也不会单调，就这样折了几次之后景观面得到了最大化延伸。

2）“钱花在了刀刃上”

——孙一民：华南理工大学建筑学院院长、教授、博士生导师

隐秀山居的造价限制对我的印象是很深的，我们可以看到有些东西很花精力，基础配件、标识，有些东西用料和加工精度能让人信心很足，还是钱花在了刀刃上，我没有看到明显有哪一块不足。

3）“细节很重要！”

——王　路：清华大学建筑学院教授、博士生导师

对于“隐秀山居”这个名字，我感觉是跟品牌有关系，可能对山对地形的感觉还不是很强烈，不过昨天在大堂感觉了到起伏的地形变化。细节很重要，那么大的一个酒店，从设计来思考的话会遇到施工的问题，要完成一个非常好的作品非常不容易。

4）“建筑师角色与木构雨篷”

——赵　辰：南京大学建筑学院副院长、教授、博士生导师

木构的计算实际上是很麻烦的，因为在瑞士木构做得最好的几个设计师都是做室内的，营造了很多非常精彩的造型。在隐秀山居我感觉木构我认为是最有活力的，我发现中国的工匠全是能手。

5）“低造价不如就糙一点”

——张　颀：天津大学建筑学院院长、教授、博士生导师

看一个酒店的品质，能够适应不同类型的客人需求，这点特别关键。感觉最好的是低造价高品质，低造价还能做得更粗犷一点，这样可能更能够适应现在比较特殊的自然环境。既然造价比较低，受经费的控制，不见得做得那么精致。阳台都是玻璃的，不如用一些普遍古朴的材料会更好，还便宜。

6）“折中主义是个境界与内部差异性缺失”

——魏春雨：湖南大学建筑学院院长、教授、博士生导师

隐秀山居酒店让我感觉到如果这个价值取向能够回归就比较踏实。文如其人，隐秀山居做出来比较成熟，比较唯美，是比较节制的。这个建筑通篇就是做，完全是投入做出来的事情。这个最好的是比较少符号化的装配，这是我们的优点。但是与之相配套的，在软装细节上还是要有量身定做的东西。

7）“休闲是混搭”

——张应鹏：九城都市建筑设计有限公司主持建筑师

这个酒店全方位的控制，总体设计和控制跟业主本身的职业素质和专业方向有直接的关系。在混搭中找出随意，这是酒店最大的特色，首先是选择方向的正确性，最后是在选择的方向上手法的娴熟性以及技巧都做得很好，这是非常值得肯定的。

8）“可持续设计与一体化设计”

——李晓峰：华中科技大学建筑学院副院长、教授、博士生导师《新建筑》杂志主编

对于隐秀山居，休闲度假是它的定位，我理解是对都市商业文化的互补空间，感觉非常特别。这其中我特别欣赏的是可持续设计的过程，整体的协调性却非常好，基本上没有看出来是加出来的，是一体化的设计。这点作为建筑师的控制力非常好。这是一个可生长的过程，下面可能还有再扩建的余地，将来会是可持续的一种设计。第二个是一体化的设计。酒店里里外外这种统一性特别强，还有形象与空间，外观与内饰，包括材料的运用都做得非常好。

9）“双色”总结

——王绍森：厦门大学建筑与土木工程学院院长、教授、博士生导师

我认为这个建筑是讲理的，并且是成功的，而且非常得体的。两个色彩总结一下我的感受，第一个是绿，每个房间都争取最大的景观；第二个是灰，在地域气候考虑上留有一定的风闸，这对底下的潮湿会有好处。

10）“酒店是半日常或非日常的状态”

——庞　伟：广州土人景观顾问有限公司总经理首席设计师

度假酒店需要有一种戏剧性，应有非日常的跳跃。隐秀山居诗意的门廊让人感觉到美好的刺激，大厅轴线的后半部分在夜晚看进来非常漂亮、客房阳台上的浴缸在社会学领域非常有意思。我在这个酒店看到了很多美好的东西，酒店内大量使用本土的传统植物是对的，因为生活本身是很美好、很温馨的。

11）“细部处理到位”

——孔宇航：天津大学建筑学院副院长、教授、博士生导师

从景观布局，可以看出酒店的设计还是有很多追求，从景观地区进到雨篷，到大堂以及细部，做得还是挺到位的。建筑师从方案到整个施工图盯得很紧，这还是让我们挺羡慕的，因为我们没有时间。我个人感觉门廊有点太丰富了，木材用得太多，从建筑的角度来讲可以更简便一些。

12）“隐秀山居建筑的平面是建筑师的趣味”

——岳子清：华森建筑与工程设计顾问有限公司执行总建筑师

深圳很多酒店是主题性的酒店，其实是一种商业的选择。18 个月从设计到施工做下来完全是创造性的中国式做酒店的方式，这个方面甲方还是非常大胆，非常信任建筑师的。隐秀山居的平面非常出人意料，完全跟市面上的做法不一样，看平面完全是建筑师趣味的做法，用这种方法来做我也是第一次见。但现在感觉细节控制得非常好，这是非常难得的。

13）“建筑师积极介入室内设计”

——赵崇新：上海睿牛建筑师事务所（RENEW A+P）总建筑师、艺术总监

第一点，对酒店的总体印象是非常统一，建筑内外、空间、色彩都非常统一，材料用得也很单纯，出自一个人的手，这是得天独厚的条件。第二点是建筑师在一个建筑的实施过程中一定要积极介入，积极干预，甚至要主动积极控制。建筑师要找到一个角度打动业主、打动开发商，做完建筑设计之后一定要干预装饰设计，这样才能使得这个作品做到浑然一体。

14）“跨界的商业模式”

——黄　琰：厦门市合道工程设计集团有限公司副总裁、高级建筑师

这酒店给我的最大感受是用心，当代设计院 95% 是量产，我们现在也在不断地思考一个问题是跨界的商业模式。我们希望借此能最终回到建筑的根本，而不是只参与方案阶段。在隐秀山居具体的细节中，我认为首先休闲商务的定位非常准确，其次，作为南方的建筑，客房的通风处理的非常好。

15）“建筑师需要甲方的支持”

——彭礼孝：《城市　环境　设计》杂志社主编，天津大学建筑学院特聘教授

这个酒店整体设计的模式应该在全国推广，在西方国家，建筑师的责任和权力是很大的，而且是有法律规定的，如果超出造价、超出工期，或者不符合规范、建筑师是要负法律责任的，在中国，建筑师的责任没那么重。但是在隐秀山居这个项目里面，我觉得得到了甲方的全力支持，完成得非常好。在这个意义上来讲，值得向全国的甲方推广。建筑如果是由建筑师来统领全过程的设计，最后这个作品就不会出现太大的偏差，一定是一个很棒的作品。

16）“建设方追求高品质与高性价比”

——赵学军：正中置业集团有限公司董事、副总裁、总建筑师

隐秀山居建设的初衷是为高尔夫球场做配套设施。运营一年多以来，酒店也到了社会各界的高度认可，获得了一系列奖项与荣誉，成绩的背后是设计方的汗水和付出。我站在甲方的立场谈几点体会：第一：酒店建筑中建筑设计、室内设计与景观设计风格高度统一，建筑特色鲜明。第二：隐秀山居清晰定位为商务休闲酒店，走差异化的道路。第三：建设方追求产品的高性价比和产品的高品质、高品位，不是传统的富丽堂皇。

2. 对话深圳隐秀山居建设方与设计方——“用最少的资源创造出最大的社会价值”

赵学军（正中置业集团有限公司董事、副总裁）
王兴田（日兴设计·上海兴田建筑工程设计事务所，总建筑师）
柳　青（采访者，UED 执行主编）

柳　青：赵总作为甲方，科班出身的建筑学教育背景与您现在所从事的职业及价值观是否有着直接的关系？

赵学军：基于甲方的整体利益考虑，一个建筑师的专业背景是至关重要的，因为这涉及他与设计单位的沟通能力，对整体设计的尺度理解以及设计项目全方位的协调性。

柳　青：不难看出，您对王兴田先生是非常信任和尊重的，还想请教您在做隐秀山居这个项目的最初构想大致包含了哪些方面？

赵学军：隐秀山居是比较特殊的，因为是我们公司的第一个酒店项目，所以在经验方面略显不足，开始时并没有做一个清晰的规划，只是说先满足高尔夫球场的需求。项目完成之后我们对于酒店设计有了一个初步的认识，形式方面我相信王总可以做到最好，而我们的重点要放在实实在在的务实功能和对人的关怀上面。

柳　青：诚如王总所言，好的甲方不应该把与建筑师的合作看成纯粹商业的关系，而是要激发建筑师的创作欲望，那么

王兴田（左）　赵学军（右）

赵总您是如何坚持让王总进行全方位设计并将它贯彻执行下来的呢？

赵学军：在这方面我觉得，一个好的甲方，应该具有一种责任感，并且把它传递给建筑师，去激发建筑师的创作欲，去认可他的设计、社会地位、在项目中的角色等等，使他感觉到对项目的一种完全的责任，乃至一种主人翁的感觉，那这个项目就会与他的整个生命和艺术灵魂联系起来，才能是有活力，有色彩的。在做隐秀山居这个项目的时候，把重点放在如何将建筑、景观、室内，三者融为一体。

柳　青：在做隐秀山居的时候，王总来深圳与甲方沟通 40 多次，那么建造过程中您与甲方之间有没有出现设计预想与甲方要求不同的情况呢？最终又是怎样达到协调统一的呢？

王兴田：肯定还是有的，因为毕竟时间紧张，又要保证效果，

有些问题确实是双方妥协后的结果。邓总、赵总及其团队非常尊重设计师，叮嘱施工人员一定要严格按照图纸施工，否则要承担责任。从诸如此类的小细节就可以看出正中是非常支持，相信我们的设计工作的，这也令我非常感动。

柳　青：作为甲方，赵总您这边有没有妥协的地方呢？

赵学军：我们基本还是以尊重建筑师为先，例如大堂墙面的材料原本是和地面一样的，但是后来地面材料不够了，我们也专程到上海去寻找，后来寻到了现在的大堂墙面材料，我反而觉得更有特色。

柳　青：隐秀山居预计投资与真实投资之间的差异有多大呢？如何控制酒店整体的设计费用呢？

赵学军：客观地讲，当时想得不是很多，因为我们对于所有项目的投资预算成本都是严格控制的，当然也很高兴最后的结果得到了大家的认可。从材料、组材、水泥钢筋到沙发、配套摆设、景观大树，都是由我们甲方提供的，在质量和价格方面，达成很高的性价比。

王兴田：若说有意识地控制成本，重点之一是体现在组材上。它并不是一开始就决定好的，而是在施工过程中不断变化的，如我们选择了当地的天然材料，虽然在感官上有些瑕疵、存在明显的色差，但是成本低廉，最终我们也使用了，而我认为材料天然的这些缺陷，恰恰是我们所想要表达的自然而然，和人有生命的皮肤一样，如果没有任何瑕疵，肯定是人造蜡像，自然的东西难免会有些斑斑点点，但却极为有趣。地面石材、墙面石材、木材均选用自然材料，木材上面还会有天然的树节，细节在不断设计的过程中深化、变换，但并不背离我们的大原则，这样无形当中便把价格控制住了。

赵学军：我们的大原则是在卫生洁具、床品等方面都是选择一流品牌，体现了对人性化的关怀，但是在一些墙面、地面或者景观方面的用材，我们都是精打细算，尽量做得自然朴素一些，以降低造价。

夜幕下的酒店入口

3. 休闲度假酒店的概况与类型

3.1 休闲度假酒店概况

休闲度假酒店是以休闲度假为目的、满足宾客休闲、娱乐、疗养以及短期栖居等需求的综合居住服务类设施。它通常依托优越的自然环境和区位条件，凭借优美的风景或创意主题，为宾客提供住宿接待、休闲娱乐、养生康体等功能设施以及精致细腻、全方位的综合配套服务。

休闲度假酒店的设计也十分繁复，涉及门类众多。建筑师除了要回应建筑环境的挑战，还要综合考量产品类型、产品性能、技术参数、环境保护、人文关怀等因素，同时要平衡政府、开发商、设计施工团队、酒店管理等各个利益体之间的关系，以寻求最大可能的契合。

此外，设计必须严格执行酒店管理方的规定和标准，综合多方意见，最大限度地满足开发运营的利益诉求。故而，休闲度假酒店的建筑师的角色应是理性与感性的统一体，能够将对生活的细微观察、深刻体验融入设计的每一个细节中。

3.2 休闲度假酒店的发展历程

休闲度假酒店的出现最早可追溯到 2500 年前的欧洲，当时的欧洲人有着崇尚享乐和回归自然的生活理念，希腊的温泉地区就曾为少数统治者和贵族田农建造休闲度假设施之用，而早期的古罗马公共浴室及其相应的住宿等配套设施，便是休闲度假酒店的雏形了。

公元前 190 年，古希腊人依托大自然的恩赐，顺山就水建造了希拉波利斯古城（在今土耳其境内）。35° 的天然温泉水从城中百米高的山上喷涌而出，翻滚而下。经年累月，层层叠叠的奶白色钟乳石积聚成棉花状的岩石，自然天成，令人叹为观止。

中世纪以前，古希腊和罗马海滨的温泉胜地就已经出现了世界上最早的“休闲度假酒店”，并很快风靡了整个古罗马帝国。这一新型的休闲娱乐方式在中世纪逐渐衰落，但在文艺复兴时期又再度兴盛起来。

巴厘岛科莫香巴拉酒店（COMO Shambhala Estate）（www.comohotels.com）

巴厘岛总督酒店（The Vi）（www.viceroybali.com）

乌布空中花园（hanginggardensofbali.com）

起初休闲度假酒店只是为上层贵族服务，直至 19 世纪才在大众中真正普及。当时，随着中产阶级规模的不断扩大，其可自由支配的收入也日益增多。在工业化、城市化迅猛发展的背景下，交通便利性大大提高，但城市的环境问题却日益突出，这些都促使了欧美等国家对大众休闲度假活动的需求不断增加。

尤其是第二次世界大战后，国际局势日趋平稳，伴随着经济的快速发展，休闲度假产业呈现出前所未有的发展态势，出现了如墨西哥尤卡坦半岛的坎昆、印度尼西亚的巴厘岛、夏威夷的威基基、澳大利亚的冲浪天堂、日本荷兰殖民地风格的长崎岛等众多的度假胜地。

20 世纪 60 年代，休闲度假产业在欧洲得到了空前的发展。70 年代后，在多数的欧共体国家，每年外出休假一次的人口已达总人数的一半以上。同时，北美、中美及澳洲等地的休闲度假旅游产业也得到了迅猛发展，如美国的佛罗里达、夏威夷岛、拉斯维加斯、中美洲的加勒比海地区及澳洲的黄金海岸等都成为了全球知名的度假胜地。

20 世纪末，随着亚太经济的迅速增长，休闲旅游也成为人们生活的新时尚。亚热带、热带海滨国家成为休闲度假的主要目的地，如泰国 80% 以上的入境人员都是前来观光度假的；新加坡的入境外国游客中以休闲度假为目的者达 60%。

我国休闲度假的历史并不久远，较早的休闲度假场所可追溯到明清时期的皇家园林及江南贵族私家园林，如承德“避暑山庄”、苏州拙政园等，都只是为少数帝王将相、达官贵人所享用。

近现代的休闲度假在我国多集中于山地、海滨及温泉地。在物质匮乏的计划经济时期，以部门、系统为“事业单位”，建造了许多工人疗养院，如北戴河疗养院、青岛崂山疗养院等，这也是我国现代休闲度假设施的原型。

江西御泉谷国际度假山庄

宝川温泉汪泉阁
（trarel.rakuten.com.tu）

腾冲悦椿温泉酒店
（www.mafengwo.cn）

我国旅游休闲度假产业呈现出起步晚但发展快的特点。随着休闲度假旅游需求的增长，休闲度假酒店的发展也呈现出良好的趋势和鲜明的特征。

3.3 休闲度假酒店的类型

当代科技的不断进步、网络信息的极大普及对全球休闲度假旅游产品产生了巨大影响，人们文化素质和眼界品位的提高，直接导致了消费需求的多元化。度假者的行为导向正改变着行业的发展方向，以行业为导向的度假业已转变为以消费为导向，而消费的多元化需求带来了产品的多样性，体验型、生态型、健康运动型特色酒店已成为当下人们关注的焦点。此外，休闲度假酒店的地理位置、环境景观以及地域文化也是影响酒店特色的重要因素。由于所处环境有别，休闲度假酒店常以风格迥异、规模不同的各种形式存在。从气势恢宏上千亩的度假建筑群到仅有一二十间客房的精品概念酒店，从商业管理的模式到文化主题的选取，规格和类型无不尽有。

根据不同的标准，休闲度假酒店大致可分为自然资源型、运动型、主题型、精品型、生态型、农业观光型以及民宿等七大类，其服务设施也逐渐由单一向功能化、复合化的方向发展，以此达到为宾客提供更加丰富的度假体验的服务目标。

（1）自然资源型休闲度假酒店

自然资源型休闲度假酒店大都位于风景优美的自然环境之中。宾客多以自主出行为主，逃离喧嚣繁忙的城市，到风景如画的大自然中享受美好的时光。

1）海滨休闲度假酒店

海滨休闲度假起源于拉丁美洲的加勒比海地区，是最早的休闲度假方式之一，后发展到欧美、亚太等地。目前地中海、波罗的海、加勒比海地区及泰国普吉岛、印尼巴厘岛等地也都是世界上极负盛名的度假胜地。中国也有丰富的海滨资源，如海南岛度假带、珠三角沿海度假带、福建滨海度

挪威滑雪场 Myrkdalen 酒店项目（arch.hxsd.com）

美国科罗拉多斯诺马斯威斯汀度假酒店（www.hoteldirect.com）

巴塔哥尼亚 Awasi 酒店（archdaily）

假带、青岛石老人、大连金石滩等，都是国内海滨休闲度假的著名景区。

海滨休闲度假酒店通常位于沙滩、碧水相映成趣的海边，自然资源优势，与周边的地形地貌、自然风情等有机结合，让宾客能随时随地尽情拥抱大海。位于夏威夷以南、新西兰东北方向的南太平洋法属波利尼西亚波拉波拉四季度假村（Hotel Four Seasons Resort）坐落在珊瑚礁环绕的波拉波拉小岛上。拥有 100 多座水屋，周围都是清澈蔚蓝的海水和棕榈密布的原始海滩，从不同的水屋中可观赏到湖景、山景、沙滩景等不同角度的景色。

2）滨湖休闲度假酒店

湖泊是较为常见的自然资源，因此世界各地滨湖休闲度假区的数量也较多。欧洲的滨湖休闲度假起步于 18 世纪，兴盛于 20 世纪。至 20 世纪 70 年代后期，欧洲的滨湖休闲度假区经过长期发展已经比较成熟，且拥有稳定的客源市场。我国的滨湖休闲度假酒店在 20 世纪 90 年代前主要以公办疗养院等为主；20 世纪 90 年代后随着国家级、省级的滨湖旅游度假区的建立和度假产业市场的完善，滨湖休闲度假区的数量也逐渐增多。目前，其分布以长三角地区最为集中，江苏、浙江省休闲度假区中 90%以上是滨湖型。但由于水质条件、景观条件、开发能力和营销推广等方面的限制与经验的不足，其经营管理尚不成熟，相较于国外仍存在一定的差距。

世界上一些具有代表性的滨湖酒店均以自然环境优美的天然湖泊为依托，充分利用了酒店周边的自然资源。布兰凯特湾豪华度假山庄（Blanket Bay Luxury Lodge）位于南阿尔卑斯山旁瓦卡蒂波（Wakiputu）湖边。宾客可以在湖上划皮艇，畅游当地的葡萄园，乘坐直升机一览白雪皑皑的恩斯洛（Earnslaw）山或者瓦卡蒂波（Wakiputu）壮阔的湖景，或是在格林肖（Greenshaw）峡谷的溪流中垂钓。

Villa Salobre Green 酒店
（usa.golfbreaks.com）

Four Seasons Resort Mauritius At Anahita-Beau Champ（hotelmix.co.uk）

伦格里岛港丽酒店
（cq.qq.com）

3）山地休闲度假酒店

山地型休闲度假主要以山地的自然资源和山区的风土人情为载体，以山地攀爬、野外拓展、考察探险等为特色项目，并融合休闲娱乐、山地观光、运动健身等多种度假形式。

优良的原生态环境、清新的空气、洁净的水体、丰富多样的环境等等使得山地休闲度假酒店具备度假、疗养、健身、休闲、保健、观光等多种功能，是夏季避暑的首选。山地生活体验对于爱好野外探险的宾客来说是极佳选择。寻一处清幽之地，或在养吧、餐吧中休息，或在树屋、木屋中小憩，或到林中湖畔散步……闲看清风，静心享受。

乌布空中花园酒店（Hanging Gardens）坐落在以田园景致闻名的巴厘岛乌布，为茂密的古树及垂临阿勇河（Ayung）的山崖所围绕。宾客从房间的私人泳池旁，可以鸟瞰阿勇河峡谷；酒店被山上茂密的树林围绕，处处鸟语花香，身处其间，时刻能感受到自然的洗礼，也被称为“乌布空中的秘密花园”。

4）温泉休闲度假酒店

温泉是大自然赐予人类的宝贵资源，因此享受温泉也是世界上最早的休闲方式之一。温泉休闲度假酒店以温泉为核心资源，以秀美的生态环境、独特的沐浴文化、多元的风土人情以及高品质的服务为依托，为宾客提供文化娱乐、康体养生等休闲活动。

如今温泉在东欧和亚洲等国家尤为盛行，日本素有“温泉王国”的美誉。据统计，全日本约有 2600 多座温泉、7.5 万家温泉旅馆，每年使用温泉的人数约合 1.1 亿人次，相当于其人口数量总和。中国的温泉文化亦丰富多彩，源远流长。据民间传说，黄帝曾在温泉洗浴后，返老还童，白发变黑，为此他十分高兴，称温泉为“灵泉”；见于史载的与温泉有关的建造活动有秦始皇建“骊山汤”、唐太宗建“温泉宫”、清康熙帝建“温泉行宫”，足见我国温泉历史文化的悠久。当下，温泉度假呈现出百花齐放的多元化格局，多地出现建设热潮，市场前景广阔。

The Manta Resort
（www.themantaresort.com）

西双版纳皇冠假日酒店
（www.ihg.com）

阳朔悦榕庄酒店
（www.bangantree.com）

日本的宝川温泉汪泉阁（Takaragawa Onsen Onsenkaku）是典型的疗养型温泉度假酒店。80 多年悠久历史的传统日式建筑和沿着溪流的露天温泉，是其独有的特色。4 个面临溪流的广阔露天浴池总面积达 780 平方米，是日本最大的露天风吕。在这里，一年四季均可饱览大自然四时不同的美景，也可品尝到用本地食材烹制的正宗山珍料理，是休闲疗养的绝佳胜地。

（2）运动型休闲度假酒店

1）滑雪休闲度假酒店

滑雪度假是一项旅游休闲和体育运动相结合的项目，它依靠冰雪资源的趣味性和刺激性来满足宾客观光、娱乐、度假、健身等多种需求，已成为世界旅游业中的一大产业。滑雪休闲度假区发源于瑞士、法国、德国、奥地利以及意大利所在的阿尔卑斯山滑雪中心。20 世纪 70 年代后，欧美和日本的滑雪休闲度假区迅速发展成为世界著名的滑雪胜地。我国的滑雪休闲度假区虽然起步较晚，但发展态势迅猛，市场前景广阔，竞争也日趋激烈。

目前，一些极具特色的滑雪休闲度假酒店运营周期已从单一的冬季型转向四季开放，在淡季仍提供服务。休闲度假酒店除滑雪外，还常围绕冰雪主题开发多种活动和项目，如乡村购物中心、小剧场、高尔夫、攀岩、登山、跳伞、徒步日光浴、森林浴、山地骑行、冰川科考等。

蒙太奇麓谷度假酒店（Montage Deer Valley）是滑雪者的天堂，这个被美国《滑雪》杂志评选为全美第一的滑雪胜地配有专门进出雪场的设施。酒店内拥有豪华的酒店住房和私人住房，酒店冬季的活动十分丰富，包括越野滑雪、轮胎滑雪、滑冰、雪地摩托、狗拉雪橇和钓鱼。游客们还可以到附近的犹他州奥林匹克公园观看顶级运动员的长橇、单雪橇和俯式雪橇的训练。

2）高尔夫休闲度假酒店

高尔夫是一种极富魅力且在世界上非常流行的高雅体育运动。它是一项由贵族运动演变而来的现代大众化休闲运动。

土耳其博德鲁姆文华东方酒店度假村
（cn.mandartnoriental.com）

苏梅岛 W 度假酒店
（www.starwoodhotels.com）

金茂三亚丽思卡尔顿酒店
（www.ritzcarlton.com）

近年来，以休闲、体验、运动为目的的高尔夫休闲度假正悄然兴起，它是高尔夫运动与休闲度假、体育交流、娱乐活动的结合，是一种新型的旅游文化项目。

目前世界上至少有两百家以上以打高尔夫球场为主题的休闲度假酒店。高尔夫休闲度假酒店大多位于北美，尤以美国为最。此外，澳大利亚、英国、新西兰以及一些亚洲国家和阿拉伯国家也纷纷开始投入建设。1984 年，广东中山温泉高尔夫俱乐部的成立标志着中国现代高尔夫运动的开端。几十年间，我国已成为继美国、日本、加拿大、英国后的世界第五大高尔夫球国家。只是相较高尔夫球场的建设热潮，高尔夫休闲度假酒店的建设量却稍显滞后。

高尔夫休闲度假酒店的开发通常注重复合效应，以高尔夫作为配套，结合当地的景观风光与培训会议、户外婚礼等多种产品相衔接，实现定点多日游的运营模式。

海口观澜高尔夫酒店毗邻古老的琼北火山，当年的滚烫熔浆和漫天灰尘给这片土地覆上了一层火山熔岩。酒店建造期间，从 20 公里之外运来了 3000 万方土方，又人工开挖了七大湖，开发出八百亩湿地，保留了 2 万多棵原生老树同时又增植了 3 万多棵新树，并建造了 88 个避雨石屋。丰沃的火山土和南方的无冬气候滋养出了无尽的繁花和美食。

（3）主题型休闲度假酒店

主题酒店是一种特色休闲度假酒店，它以特定的主题来展现酒店的空间个性和艺术氛围，以独特的文化气质、个性化的服务，让宾客获得别具一格的文化体验，是休闲度假酒店满足宾客个性化以及多元化需求的直接产物。

主题公园游乐类酒店通常都有较大的规模，以满足前来游玩的较大客流量。酒店客房的设计一般与游乐园的主题相契合。如广州长隆旅游度假区的酒店客房全部采用生态主题，野趣房、白虎房等客房都独具特色。此外，博彩酒店

索尼娃奇瑞度假村
（www.soneva.com）

裸心谷
（www.nakedretreats.cn）

Amankora Punakha
（www.aman.com）

也是一种特殊的主题型休闲度假酒店，它通常被视为设有客房、餐厅、购物等服务设施的赌场。目前，美国拉斯维加斯、中国澳门、摩纳哥蒙地卡罗和马来西亚云顶是世界四大博彩酒店聚集地。

奔巴岛曼塔海上漂浮旅馆（The Manta Underwater Room）这套非洲首个水下客房诠释了“与鱼儿共眠”的特色主题含义。旅馆共有三层，最上面一层是天台，客人白天可在此沐浴阳光，晚上可来此观赏夜空；中间一层为与海平面平齐的甲板，建有餐厅和休闲室；而最下面一层的水下卧室拥有近乎 360 度的视野，可供客人览尽海底的绝美风景。到了夜晚，窗边的灯光会吸引白天深居海底的鱿鱼与章鱼等海洋住客靠近，向客人展现与白天截然不同的水底风情；微波摇曳中，客人感受着海的气息，与鱼儿相伴入眠。

（4）精品休闲度假酒店

近几年，日渐兴盛的精品休闲度假酒店倍受关注。精品休闲度假酒店的类型与风格各异，或建在城市里，或隐于村落中，或时尚新颖，或古朴典雅。不同于以往单纯追求“高、大、上”的酒店，精品休闲度假酒店多以少数高端或特殊宾客为对象，以中小规模居多（通常少于一百个房间，餐厅、会议等公共功能空间也相对有限）。精品休闲度假酒店或注重结合本土地域文化，极尽其所能地将“在地”特色元素融入建筑设计中；或十分重视设计元素，以建筑师的创意作为核心亮点。

如以东南亚地区为主要发展基地的 Banyan Tree（悦榕庄）可谓精品休闲度假酒店的代名词。酒店以对关注自然、文化体验和生态融合为设计方向，打造超常规生活模式的异域浪漫情调。BVLGARI（宝格丽）旗下的精品酒店，常将当地建筑风格与“宝格丽”这个意大利品牌的浪漫风情充分融合，打造自然、原始、低调的奢华。被称为“精品酒店”鼻祖和革新者的 MORGANS（摩根）酒店是“精致生活品位酒店”的引领者，旗下每个酒店都以不同的名字来命名。其

巴厘岛丽思卡尔顿酒店（www.ritzcarton.com）

土耳其博德鲁姆文华东方酒店（cn.mandartnoriental.com）

嘉兴月河客栈（dujia.lvmama.com）

设计风格突出、个性鲜明，是创造独特酒店风格的先锋代表。STARWOOD（喜达屋）集团下的 W 酒店，相比其他精品酒店的规模通常较大，室内设计在风格、色彩、材料、摆设等方面都追求设计的独创性，极尽设计之能事。

（5）生态休闲度假酒店

生态休闲度假酒店在人们对可持续发展和生态环保的日趋关注下应运而生。它的独特之处是开发绿色产品，实现无纸化、无污染，充分利用风能、太阳能、光能等自然资源，以实现对资源的循环再利用。生态休闲度假酒店从建设之初的选址到最终提供的产品和服务，都注重低能耗、低排放以及最大限度地减小对环境的负荷。酒店的地板、床上用品、陈设等选材上使用生态无污染的材料，在运营管理过程中，提倡节约资源和保护环境的消费方式，并倡导健康文明的生活方式。创建绿色休闲度假区，推进生态型度假的开发和注重生态环保的理念，也是休闲度假文化向深层次发展的表现。

泰国苏尼瓦奇瑞度假村（Soneva Kiri，Thailand）是一座真正环保的酒店。度假村所在的暹罗湾沽岛属于泰国国家海洋保护区，保护区保留了最原始的生态美景，被称为“最后一处纯净的天堂”。度假村使用了在另一家酒店中使用过的竹瓦，不仅环保有机，并且竹子在时间的流逝中产生的自然老化的色泽，别有韵味。酒店客房内大部分麻质的织物面料和再生纸均由动物粪便制成，可持续发展的生态观深入人心。

（6）农业观光体验酒店

农业观光体验酒店是一种以农业休闲为基础，以农业生产、生活体验为核心的游乐模式，其雏形是集吃、住、玩于一体的农家乐。这种形式应用到休闲度假酒店的“娱乐与游玩”创新上，便形成了以耕作体验、产品采摘、乡村度假、农业观光、民俗体验为主的农业观光体验酒店，其娱乐产品涉及采摘、渔猎、避暑、垂钓、森林浴、田园休闲、生态健身、生态餐厅、生态宿栖（木屋、露营、树屋）等多种形式。

江西御泉谷国际度假山庄

此类型酒店讲求与自然景观和历史人文的融合，以及与当地特色的民居风格、建材植被协调一致，对周边环境不做过多修饰，充分保护和利用大自然的天然资源，让宾客体验到独特的原生态民俗文化和乡情野趣。

坐落于巴厘岛乌布宏伟林立的庙宇群中的曼达帕丽思卡尔顿隐世精品度假酒店（Mandapa，a Ritz-Carlton Reserve）为起伏的群山所环绕，背倚一望无垠的稻田，游客可在传统稻田里体验历史悠久的水稻种植、收割和管护方法，品尝通过自己劳动收割的稻米。酒店附近的有机花园、农场和儿童教育屋，为到访的小客人们提供精彩纷呈的体验，还有与巴厘岛绿色学校合作的绿色野营（Green Camp）项目，向孩子们介绍大自然中的奇迹和乌布当地深厚的文化传统。

（7）民宿

民宿是一种“自己管理自己”、以家庭为经营主体的酒店。为配合假日旅游的住宿需求，许多家庭把空闲住房整理成配套齐全的客房，也有的以家庭为单元、通过投资行为建造民宿接待宾客。

民宿不同于传统度假酒店，它扎根于当地人文、自然环境中，以家庭副业方式经营，是文化传播的重要窗口。在中国台湾、日本等地，民宿被理解为亲戚间的串门，民宿主人会跟客人一起煮饭、泡茶，带客人到野地里采风，到田地里采摘瓜果，深受旅游者青睐。为宾客提供最原汁原味的当地民俗生活体验。如今，以民宿为主的休闲度假风潮，已从低调转向一片繁荣的景象，使得休闲度假酒店的形式更为多元。

在日本及一些西方发达国家，民宿十分普遍，早已形成了规模庞大的产业链，经济效益十分可观。在我国深圳大鹏新区内 800 余家民宿，已然形成了一类颇具代表性的民宿聚落。近年，在藏家乐与羌寨游等少数民族地区游的民宿体验中，民族文化和民俗风情都得到了十分精彩的呈现。

过去，民宿业缺乏适合的推广方式，如今搭乘了“互联网 +”的快车，民宿得到了迅猛发展。“互联网 +”作为一种分享经济，它将民宿信息通过互联网的平台传播推广，并帮助他们挖掘自身文化特质。旅游者通过一些网络平台，可以租住全球各个国家不同城市的当地家庭房屋，体验前所未有的独特旅居式生活。例如目前全球流行的 Airbnb 等网络平台，专门为旅游者和家庭有空房出租的房主提供双向服务，为用户提供各式各样的住宿信息。这种旅居方式是沙发游、互助游、自助游、深度游、背包客及驴友的绝佳选择。

民宿在我国快速发展的同时，其建筑质量、消防、治安管理、食品、卫生等方面却存在一定隐患，随着游客数量的增加，其负面影响也日益突出。广东省颁布的《深圳市大鹏新区民宿管理办法（试行）》于 2015 年 4 月 1 日起施行。根据该《办法》，民宿监管须遵循社区自治、行业自律、部门监管、属地统筹、安全经营等原则，这也表明我国政府将进一步规范管理，以促进民宿长远优质地发展下去。

后记

近年来，休闲度假产业方兴未艾，度假酒店设计项目络绎不绝，相关书籍也是层出不穷，然其中理论研究与设计解析类的书籍却较为少见。回顾隐秀山居项目设计和建造的点滴过程，应用“在地”设计理念挑战了诸多限制，也更突显了酒店特色，将其记录下来，也称得上是一件有意义的事情了。

在建设方的支持下、同行朋友们的关心中，我开始着手准备书稿的撰写。整本书的写作持续了两年之久，因平日里忙于工作，多半是利用休息时间思考和记录，对其进行补充完善。其间，还曾多次与摄影师一道前往现场拍摄照片，一些建筑界的朋友也抽出时间到酒店体验品评，让这本书越来越丰满。同时，隐秀山居项目本身也在不断地积累与发展。记得 2011 年设计收尾阶段，刚植入的小树创口还未完全愈合，岭南湿润的气候还没有为地面染上苔迹，而如今的隐秀山居已绿树成荫，建筑的细节亦渐趋完善，逐渐与得天独厚的环境融为一体，并随着时间的推移更显活力！

在本书付梓之际，首先感谢深圳正中集团董事长邓学勤先生与总建筑师赵学军先生，长期以来对建筑师的信任；感谢建设方建造和管理团队为整个项目所付出的艰辛努力；感谢隐秀山居设计团队李新娟、陈超等建筑师、工程师对设计品质的不懈追求；感谢李晓峰、黄彬、叶承志、姚柏良、赵崇新等建筑界同仁对本书提出的建议，以及相关媒体朋友们的关注和杂志社的多次邀稿与评析；感谢寿慧丽、李新娟、苏双容、孙文超、杨晓、钱静静、李琪、杨佳琳、石野、韩宜洲等参与本书的策划、编辑、排版、设计等工作；感谢朱克家、日本 SS、曾江河、刘学钊等摄影师用相机记录下了隐秀山居的成长经历……

恰逢日兴设计创立二十二周年，回望与感慨之际，特奉上此书，愿与大家分享我多年来对“在地”设计的亲历体会与小小追求。

作者介绍

王兴田

日兴设计 • 上海兴田建筑工程设计事务所

总经理、总建筑师、教授、博士

当代中国百名建筑师

主要社会兼职：

当代中国建筑创作论坛　总召集人

世界华人建筑师协会　副会长

天津大学、浙江大学、厦门大学、湖南大学、西南交通大学、华侨大学、合肥工业大学　兼职教授

烟台大学、太原理工大学、长安大学　客座教授

《新建筑》、《中外建筑》等杂志　编委会委员

主要作品：

中国珠算博物馆、恒茂御泉谷国际度假山庄、深圳隐秀山居酒店、正中高尔夫会所、上海世博会韩国国家馆、上海世博会新加坡国家馆、青岛卓亭广场、何振梁与奥林匹克陈列馆、上海长宁公共卫生中心、天津大学北洋新校区建筑工程学院与环境学院等。

展览、讲座、论坛：

第一届中国国际建筑艺术双年展（2004 年）；中国国际建筑设计展；亚洲建筑师论坛；亚洲城市与建筑评委；在中国内地、日本、西班牙等地举办讲座、论坛；第 12 届威尼斯建筑双年展（2010 年）；韩中日招待建筑家三十日展（2016 年）。

个人建筑观：

以“博风汉骨”为建筑创作的基本思想，即以中国地域、历史文化为根基，博采众多异域文化之精华，努力探求历史与当代的契合，尊重城市文脉和地域环境，营造人与自然和谐共生的空间环境。

学术专长及研究方向：

立足于中国本土文化，寻求建筑的文化内涵。致力于城市设计及建筑与城市空间关系的研究。致力于建筑地域性适宜技术的研究，减少建筑生命周期内碳排放量，实现建筑的生态性。回归建筑本源，探讨建筑与场地的特殊关联，寻求建筑“在地”的建造价值。